宇宙法則

Universal Law

海之濤
John Chang

宇宙法則出版社

Universal publishing

2018 年澳大利亞悉尼

Sydney Australia 2018

國際書號/ISBN: 978-0-9870755-2-9

書名/Title: 宇宙法則/Universal Law
作者/Author: 海之濤/John Chang
出版/Published: 宇宙法則出版社/Universal publishing
地址/Address: P.O.Box 233　Broadway　NSW 2007
　　　　　　　Australia

編輯/Edition: 第 1 版 2003 年 11 月
　　　　　　　First edition Nov, 2003 (Chinese)
　　　　　　　第 2 版 2004 年 3 月
　　　　　　　Second edition Mar, 2004 (Chinese)
　　　　　　　第 3 版 2004 年 5 月
　　　　　　　Third edition May, 2004 (Chinese)
　　　　　　　第 4 版 2004 年 10 月
　　　　　　　Fourth edition Oct, 2004 (Chinese)
　　　　　　　第 5 版 2005 年 10 月
　　　　　　　Fifth edition Oct, 2005 (Chinese)
　　　　　　　第 6 版 2006 年 10 月
　　　　　　　Sixth edition Oct, 2006 (Chinese)
　　　　　　　第 7 版 2018 年 1 月
　　　　　　　Seventh edition Jan, 2018 (Chinese)

字數: 130 千

作者像
Author

這是宇宙法則學院的教科書
也是一部科學-哲學書
或是統一全球哲學文明的哲學書

献给

    追求美好（"."）、

      渴望幸福（"o"）、

        勇於探索（"1"）

          的人们！

麦田圈展示的"宇宙法则"。

4

1. 作家簡介

筆名海之濤，中文名張濤，英文名 John Chang。1961 年 1 月 10 日出生於中國北京，曾就讀北京五十一中學；武漢空軍雷達學院；北京紡織工程學院；悉尼 TAFE 學院；悉尼 UTS 大學。

由於厭惡目前的填鴨式和文憑式教學，他憤然退出了多所學校。自學各種知識，曾對哲學、物理或天文學特別感興趣。

1990 年，他到達澳大利亞，開始對宗教感興趣，因為在中國時，對宗教一無所知，認為它們全是迷信，參加了不少教會的活動，也讀了許多這方面的書。後來認為，宗教雖然不全是迷信，但也不是科學，而且崇拜多於宗教，所以宗教之間常常互相對立。

他也研究過經濟學，特別是股市的行為，對股票市場很著迷。2001 年 9 月 11 日那天，兩架飛機撞向美國世界貿易中心大廈，死亡近 3000 人，他開始思考人類社會行為和宗教，思考人生和科學。

一天他去海邊釣魚，正趕上大雨，雨點持續拍打向海面，激起波瀾向外擴展，由此徹悟宇宙法則，花 2 年時間寫下《宇宙法則》一書，這是一部科學和哲學書，在 2003 年 11 月出版，加上積累的時間，他為此書總共花了近二十年的時間。

之後，他創立宇宙法則研究會、宇宙法則學院、宇宙法則出版社，在全球大力傳播宇宙法則。

2007 年 1 月，他完成另一部重要著作《典金經》，2008-2010 年間編輯《天益論哲（中國）》、《人生論文（東方國）》，參與作家近 600 人。2013 年 9 月完成《大終極理論》，2015 年完成《麥圈》，2018 年完成《地球論理（世界各國）》，共 7 部 "彩虹金書"。他教授學員創新和超越，將傳統中華漢學推向頂峰，被人稱為 "傳播來自宇宙中心文明" 的典範。

參考網站：http://www.universal-law68.com

2. 第四版修改序

自從 2003 年 11 月出版以來，已進行了三次小的修改。有些錯誤得到更正，一些問題又有了新的發現而得到充實。

本書是一部哲學書，但也有人將其歸爲科學書、宗教書、政治書或氣功書。由於討論領域太廣，還遭到一些宗教人士的攻擊，更有人下結論：此書可能是一部禁書。

不管怎麼說，此書的寫成是對人類智慧的一個新的突破，它將人類對自然的認識推向一個更高層次，它完全展示和揭露了人類在某些方面的愚昧和落後，阻礙了社會的進步和發展幷提出改進方法，也許未來的人會對此書有更深的理解。

雖然本書在某些方面還需完善，理論也有待進一步成熟和發展，歡迎各界人士能提出寶貴的建議。

特別感謝，**孟立** 女士 （ 中國 ）、**Frank 謝富強** 先生 （ 臺灣 ）、**Judo 蔡國光** 先生 （ 澳洲 ） 的大量鼓勵和支持。

海之濤

2004 年 10 月於悉尼

3. 第五版修改序

　　自 2004 年 10 月第四版後，得到許多朋友的支援和鼓勵，為此非常感激，也鞭策自己繼續走下去。

　　此書是一點一點積累寫成，如在 2003 年 11 月以前，我寫完了第 1、2、3、5、6、7、8、9、10、13、14、16、17、20 章和附 1、2 章，共 16 章（按本書章次）；等到 2004 年 10 月，我又寫成第 4、19、22 章，共 3 章（按本書章次）；這次我又進一步擴充第 11、12、15、18、21 章和附 3 章，共 6 章。

　　目前全書共 22 主章和 3 副章，回顧寫此書的過程，正是我人生最快樂的時光。

　　衷心感謝臺灣中央研究院 李遠哲 院長的真切鼓勵。

　　感謝澳洲作協會長 李明晏 副教授在澳洲日報刊登部分章節。

　　感謝我父親 張鬱敏 主任醫生在生物學和醫學章節的批評和建議。

海之濤

2005 年 10 月於悉尼

4. 第六版修改序

本書已再版多次，越來越受到世人的關注，大概人們對這個宇宙確實有很多疑問，他們對當今世界的宗教、哲學和科學理論對自然的解釋越來越不滿意，他們期待著一個更重大的發現和突破，而本書正好在這個時候出現，回答了現行宗教、哲學和科學無法回答的問題，給出了可能的答案。

遵循宇宙法則，全球宗教（".")將被統一，人們再不會為這些宗教戰爭所痛苦，世界將變得和平和美好。

遵循宇宙法則，全部社會哲學理論（"o"）將被統一，統治階級將更關心民眾疾苦，虛心接受人民的監督，社會再不會有腐敗和貪官，國家將變的更進步和富強。

遵循宇宙法則，全部自然科學理論（"1"）將被統一，科學家將花更多精力在創造和對宇宙的探索上，而不是專為統治階級研製殺人武器來危害社會。

相信將來，會有越來越多的人們接受這部書、喜歡它、支持它，並不斷完善它。人們也會從這部書中，不斷感受到它的力量，發現社會的弊病，改革它、摒棄它，這樣我們的社會就會前進，知識就會進步，更不會有戰爭。到那時，我們地球人就會自豪地對全宇宙智人說，我們也理解了宇宙法則，現在就加入你們的行列。

海之濤

2006 年 9 月於澳洲悉尼

5. 宇宙和銀河系文明的傳播

1) 銀河系文明，金字塔信仰

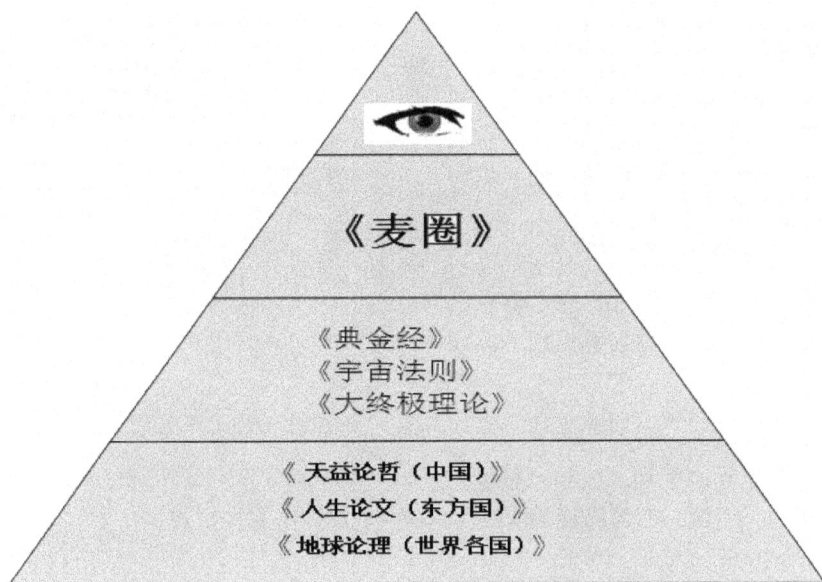

說明： 七部金書就像一道光，分赤、橙、黃、綠、青、藍、紫色，七彩，光在宇宙之中是傳播最快的，這七彩金書就象七道智慧之光，傳播到全宇宙。

七書從上到下越來越接近恒星系文明的大眾、複雜和實用，從下到上越來越接近宇宙系的智慧、簡單和抽象，最頂是一"天眼"，看著眾生，麥田圈有這樣的圖，埃及文明也有，目前我們的文明 7 部書也有了，說明我們已經接近和理解了上一波的遠古文明。

以上書籍目前都由"宇宙法則出版社"首先出版，歡迎其他出版社也出版，傳播全宇宙的智慧和文明。

http://www.universal-law68.com

<u>神</u>：天眼

<u>宇宙系文明書</u>：如本宇宙，特點是圖形、符號、對應一"綠"金書。

《麥圈》，外星人在麥田上的作品，海之濤（譯著）（2015 年出版）

<u>星系文明書</u>：如銀河系，特點是全部學科統一，互相交織，對應於三部主金書本。顏色是"黃、蘭、紅"。
《典金經》（2007 年出版）；
《宇宙法則》（2003 年出版）；
《大終極理論》（2013 年出版），海之濤（論著）

<u>恒星系文明書</u>：如太陽系，特點是各個單科，如數、理、化、史、地、政、經學等，每個作者寫點，互不聯繫，對應顏色是"青、橙、紫"。
《天益論哲（中國）》（2008 年出版）；
《人生論文（東方國）》（2009 年出版）；
《地球論理（世界各國）》（2018 年出版），海之濤（編著）

外星文明支持，他們用麥田圈啟示了三部主金書，中心由《麥圈》書聯繫。另一圈共七部旋轉彩輪絕世金書，代表太陽系文明書。

| 13
8 月
2000 | | A：Broadbury Banks,
　　Wiltshire

B：傳播宇宙法則，
　　一圈三部主金書，
　　圍繞中央《麥圈》
書，
　　另一圈共七部，
　　七彩旋轉法輪絕世金
書。 |

2) 銀河系外星文明支持的書:

麥 圈 Crop Circle 海之海 John Chang	《麥圈》 2015 年 6 月出版 代表宇宙文明。 形而上學	麥田圈顯示主要論點 
典金經 Golden Classic 海之海 John Chang	《典金經》 2007 年 1 月出版 代表星系文明 統一全部宗教的文學書, 或叫哲學-文學書。	麥田圈顯示主要論點 
宇宙法則 Universal Law 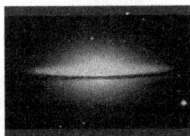海之海 John Chang	《宇宙法則》 2003 年 11 月出版 代表星系文明 統一全部哲學的哲學書, 或叫科學-哲學書。	麥田圈顯示主要論點 

大終極理論 Great Ultimate Theory 海之源 John Chang	《大終極理論》 2013 年 9 月出版 代表星系文明 統一全部科學的科學書， 或叫文學–科學書。	麥田圈顯示主要論點 
天益論哲(中國) Chinese Systems Philosophy 海之源 (中國) John Chang	《天益論哲（中國）》 2010 年 1 月出版 代表恒星系文明 各類哲學家的系統哲學書。	麥田圈顯示主要論點 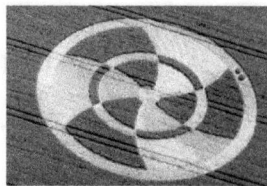
人生論文(東方國) Oriental Systems Literature 海之源 (東方國) John Chang	《人生論文（東方國）》 2011 年 1 月出版 代表恒星系文明 各類文學家的系統文學書。	麥田圈顯示主要論點 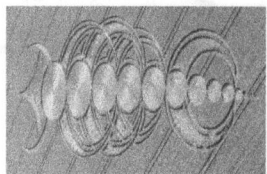
地球论理(世界各國) World Systems Science 海之源 John Chang	《地球論理（世界各國）》 2018 年 2 月出版 代表恒星系文明 各類理學家的系統理學書。	麥田圈顯示主要論點 

3) 銀河系文明宇宙法則的崇拜場所：

　　澳大利亞紅巨石（".")，埃及三大金字塔（"1"），美洲墨西哥三群金字塔（"0"），三大銀河系文明宇宙法則紀念物標呈三角式。每年成千上萬的崇拜者造訪這些建築物。在未來，信宇宙法則的人們將越来越多，信四大宗教的將越来越少，最終太陽系人類全部被銀河系文明統一。

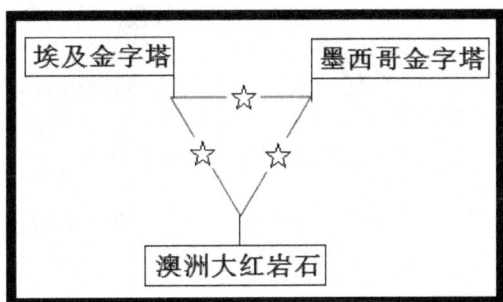

4) 銀河系文明宇宙法則的教育場所：

宇宙法則學院是太陽系文明的獨一學院，傳授來自宇宙和銀河系的文明，學院的教室就建在廣闊的麥田上，與大自然結合，學生可自由進入麥田，享受自然和外星球文明的能量。我們不用租金和維護，也不收學生一分錢，且不用花錢，就請來了智慧的外星教授講課。他們的黑板就是麥田；他們的講義，正是宇宙法則學院的"七部彩虹教科書"，也称作"彩虹新約書"，以對應聖經啟示錄所雲："我把虹放在雲彩中、這就可作我與地立約的記號了"。

只要看了宇宙法則學院出版的七部彩虹教科書，就能理解他們。而這七部書都在網上和國家圖書館裏，能够自學，連那最貧困的山區學生，都能學到前沿的宇宙和銀河系文明。

所以宇宙法則學院的教育，不開煽眾法會，不招信徒，不用費用，都在網上和大自然里。學院的實驗室，也不用費用，就建在全球的大學裏，並用實驗進行驗證。

宇宙法則學院麥田上的大教室，外星教授傳播宇宙法則的智慧。

教科書網站：只要在 google（谷歌）圖書網站輸入：《麥圈》；《典金經》；《宇宙法則》；《大終極理論》；《天益論哲（中國）》；《人生論文（東方國）》；《地球論理（世界各國）》，就可看到全部圖書。

也可到 Lulu.com 和亞馬孫網站或書店買到有關書籍。

6. 宇宙是按照它的形態建立"宇宙法則"

摘要：宇宙沒有其他形態，只有"爆炸形態"，它要創造天體、動物和植物，就必須遵循 "."；"1"；"0" 法則，也稱是"宇宙法則"。

到目前為止，所有的科學、哲學和宗教領域都沒有對上帝如何創造星球、動物和植物做出任何解釋。

具體的說，科學只有一個 "萬有引力理論" 學說，哲學沒有解釋或只有心靈雞湯說，宗教只有一個 "真善" 說。

解釋不出，只能搞邪的了。大學為評職稱到處抄襲，教會借拜教主斂財，政府也搞主義崇拜。如果政府也騙，那就不會監督社會上的其他騙術，必然造成醫療，教育和食品等人們日用品是假的。

科學家常常攻擊宗教信徒有精神問題，跪在地下拜阿拉、上帝和教主，或被一些奇怪的教主騙錢，為他慶生和阻街。而宗教信徒則攻擊科學家都是實用主義，最大的實用主義就是為國家效力，研製殺人武器，威懾世界。哲學家目前被稱為詭辯家，把古代學者的思想混成一鍋湯，叫心靈雞湯，強灌給世人。

而全球的國家資助各類大學的教育經費，以及學生的自費，達每年萬萬億美元。國家、企業和個人給各類所謂宗教慈善機構注資，每年也達千

15

萬億美元。而且大部分都逃稅，其中大部分金錢進了邪教士的私人腰包和資助了恐怖分子。

假如我們有個理論能夠使科學家、哲學家和宗教家都信服，是不是就可節省下大部分的教育經費？而當宗教被統一後，是否可省下大部分善款，沒有戰爭。這是不是將出現日月麗天，群陰懾服（群陰是指各種政府，教會和學術騙術），太平盛世景象！

現在我就展現一下這樣的理論。 為什麼"."；"1"；"0"或"宇宙自己的'爆炸形態'"，就是"宇宙法則"？

宇宙從一個點大爆炸後，它的形態是不是就象 "."；"1"；"0"。（看照片）聖經上說："神是按照自己的形象造人。"

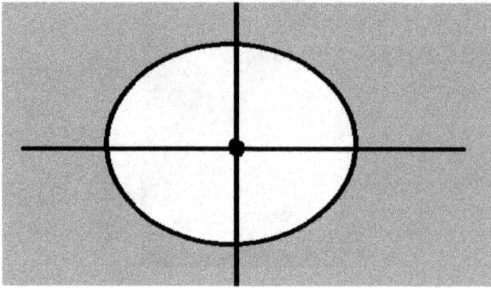

實際上，宇宙只有一個形態，就是爆炸形態。按照它的這個形態創造了一個法則，即宇宙法則。然後再按照這個法則創造了動物、植物和天體，當然也包括人。也就是說，這正好對應了聖經舊約上的預言，太美妙了。這樣宗教人士對於"宇宙法則"的概念真是無話可說。

從另一方面說，"."；"1"；"0" 的理論就是一個形態，並非一個公式和理論。我們用這個形態來解釋任何物質的變化，就叫 "形而上學"，中文譯名"形而上學"取自《易經‧系辭上傳》"形而上者謂之道，形而下者謂之器"。我們認為用形態來解釋所有學問，就是"上上的學問"，是學問裏面最高的。從這一方面來說，哲學家也接受了我們的理論。

對於科學家來說，當宇宙大爆炸後，它的爆炸物質衝破了平靜的時空，激起了時空波瀾，時空實際上就是介質乙太，它可彎曲。雖然邁克爾遜－莫雷實驗證明沒有乙太，但從時空彎曲來說，可認為時空就是乙太。

16

這就象一顆石頭扔進了平靜的水面，水面激起的波瀾，水是介質一樣。但時空乙太是真空的，對光實驗不造成影響。

為什麼會這樣呢？因為時間和空間都是能量，這個波瀾就展示了宇宙爆炸必須遵循的法則。這個法則就是“．”；“1”；“0”法則，即宇宙法則。

另外愛因斯坦的相對論導出的“質能方程”就呈“．”性；牛頓的萬有引力理論，呈“0”性；而麥克斯韋方程組，呈“1”性。三大物理學理論都遵循了“．”；“1”；“0”理論，也就是說，科學家也接受了我們的理論。

從這些論證，我們可以說，“．”；“1”；“0”理論，使宗教家、哲學家和科學家全都接受和信服了，也即所有的自然科學理論，哲學理論和宗教理論都被統一了，而宇宙如何創造天體、動物和植物，已經被拉開了一個口子。

總結來說，宇宙沒有其他形態，只有“爆炸形態”，它要創造天體、動物和植物，就必須遵循“．”；“1”；“0”法則，也稱是“宇宙法則”，而由此帶來的文明，我們就稱“銀河系文明”（發展完成在大約2012 年左右，由 7 部彩虹新約金書寫就，正對應聖經和瑪雅文明的預言）。而之前的文明，我們統稱為“恒星系文明”。

參考文獻：

1. 海之濤：《宇宙法則》（2003 年）宇宙法則出版社出版，澳洲悉尼。
2. John chang：《Universal Law: Galaxy civilization》（2015），
                 Createspace Independent Publishing Platform

目錄/CONTENTS

第一篇 Part One	導論（"1"） Introduction	

第二篇 Part Two	本論（"o"） Contents	

第一篇　導論
Part One: Introduction
（"1"）

有詩為證：

一線之水流不盡，週期循环後推前。
千年迷惑無處解，萬物有始開頭難。
但等突破天地開，萬眾歡呼盡開顏。

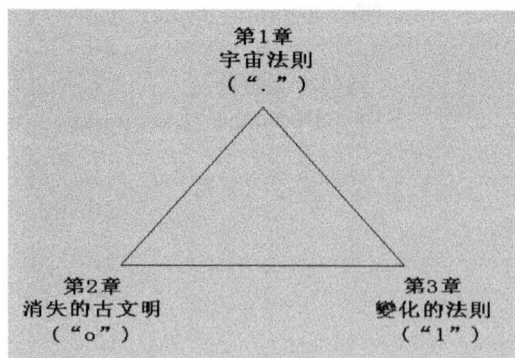

第 1 章
Chapter one

宇宙法則
Universal Law

問題和討論

1. 什麼是宇宙法則?

2. 有什麼證據支持一種普遍法則的存在?

一. 引言

大千世界，芸芸眾生，表面看雖然沒有什麼規律，但實際卻暗藏著一種普遍的規律。這種普遍的規律無處不在，無處不有，在宇宙中、在地球上、在人類各個學科中，如自然科學、哲學、經濟學、宗教 ……，幾乎所有的領域都含有這種法則，我們叫它宇宙法則。

二. 所謂宇宙法則

以前，很多人都談論過宇宙法則，許多書都試圖解開宇宙法則，特別是在那些宗教和哲學經典書籍中。後來，科學也參加了進來。

一些宗教人士將宇宙法則歸爲神。他們認爲，宇宙萬物都是由神創造，總規律當然由神掌握。還有一些宗教和非宗教人士，將宇宙法則歸爲以下幾個字："仁、義、道、德"；"真、善、美、忍"；"神、佛、法、慧"。 如佛教取"佛、法"二字；道教取"道、真"二字；儒教取"仁、善"；基督、伊斯蘭教取"神"……。

當代的科學家則有另一套想法，他們想用數學將所有理論都統一起來，物理學家叫它們大統一理論。基本思想是想將目前發現的四種力 ------- 強電、弱電、電磁和引力相互作用力全部統一，只要統一起來，就能找到一個宇宙規律的總公式或總模式，儘管目前還沒有把引力統一進來。

三. 法則本相

我們知道科學的基礎或語言是數學。數學最基礎的是"．"，叫點；接下的是"o"和"1"，叫圓和綫。我們從小學就知道，"o"和"1"是由無窮的"．"組成，它們組成許多數學的定理、公理，如兩條平行綫永遠不能相交就是一個公理。公理是什麼？是地球人無法證明的，但又不得不承認的事實。地球人無法證明并不等於說宇宙智人無法證明，正是這簡單的"．"、"1"、"o"，構成了整個數學大廈的基礎。

又如一棵樹，它是由一個小小的種子一點點長大而成。種子就像是數學的基礎 "."；樹的輪廓是數學的 "o"；樹從小到大，不斷的向上、向橫的擴展就是一條 "1"。

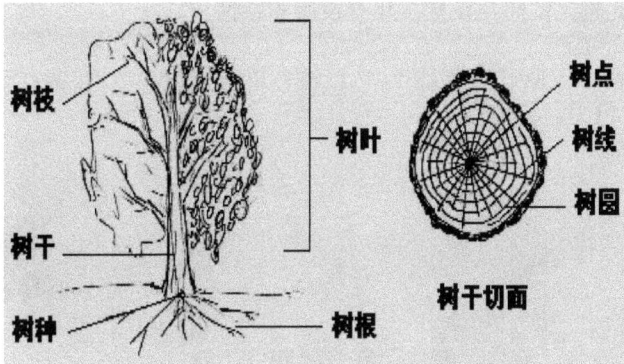

圖 1-1　樹的結構

動物也是一樣，動物的胚胎是 "."；輪廓和年歲是 "o"；而身長或身高則是 "1"。

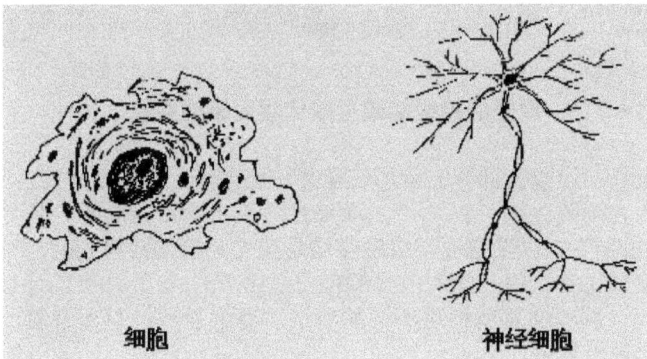

圖 1-2　　細胞核的 "."、"1"、"o" 結構

下面還要講到，物理學上的物質質量是“．”；時間是“o”；而空間是“1”，物理學的主要研究基礎就是質量、空間、時間和能量。

化學是研究物質形態的學科。物質是由原子、分子組成，原子是由原子核和核外電子組成，原子核的質子和中子以及不同的核外電子排布組成了不同的化學元素，同時也決定了化學反應和特性。

在原子結構中，原子核就是“．”；核外電子排布就是“o”；而電子能級躍遷就是“1”。

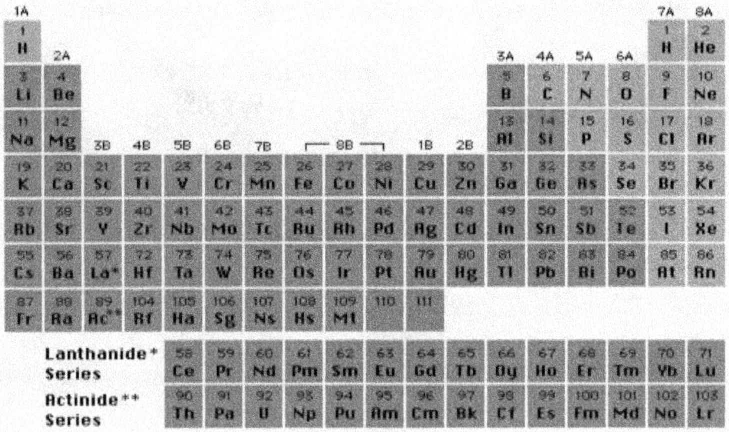

圖 1－3　　原子的能級結構形成化學元素週期表

在文學上，小說或大部分文章都貫穿著一條主線，這就是“1”；文章起首，中心內容到結尾是一個“o”；文章的主要人物或重點事件是文章的精髓，也就是“．”。以點帶面，以點穿綫是語文老師常常講到的，只有這樣才能是一篇好文章。每一個人內心都有一把無形的“．”、“1”、“o”尺，以這把尺，同一文章就得出不同的看法，有人看好，有人看壞，爲什麼？人們自己也不知道。

圖 1—4　小說和文章

　　在宗教上，基督教和伊斯蘭教所崇拜的神 ------ 上帝或阿拉，就是一個 "." ；佛經經典的全部就是一個 "o" ；道家所講的是一條 "1" 。

　　當今世界，每天出版成千上萬各類書刊和雜誌，不論哪一學科，都有一條無形的 "."、"1"、"o" 在將其分類和篩選。大部分的報紙和雜誌，百分之九十過幾天或幾個月就成爲垃圾，但象一些偉大的哲學或文學巨著，即使經歷千年仍然廣爲流傳，這種書就是經典。經典書就像是種或樹幹，大部分雜誌、報紙就是樹葉。樹葉年年要換新，但樹幹就不會，這就是大自然的規律，一種任何學科都包含的規律。

圖 1-5　書、刊和知識大爆炸，一生也讀不完，其中 80% 是樹葉，15% 是樹幹和樹枝，5% 是樹種 （澳洲国家图书馆）

27

許多基礎科學的書是建築在數學 "．"、"1"、"o" 之上，并將其擴展，所以是經典；許多哲學和宗教的書是研究 "．"、"1"、"o"，所以也是經典。

四. 宇宙法則

我們再返回談宇宙法則，宇宙法則應是全宇宙智慧生物都明白的一種簡單圖形、符號、理論或語言。

這裏只能給出圖形和符號，理論和語言就只能用地球人的語言和理論解釋，深入體會這些圖形和符號就能理解宇宙法則。

什麼是宇宙最高法則？簡單的說 "．"、"1"、"o" 就是一種符號和圖形，代表了宇宙最高法則。它們看起來簡單，但哲理極深，如果將它們翻譯成各國文字，或寫成中文 "點"、"綫"、"圓"，這就不是宇宙法則。因各國文字改變了它們的圖形和符號形狀，也給出了不同的解釋。所以，各國文字只能作它們的發音，并不能代表它們的意義。

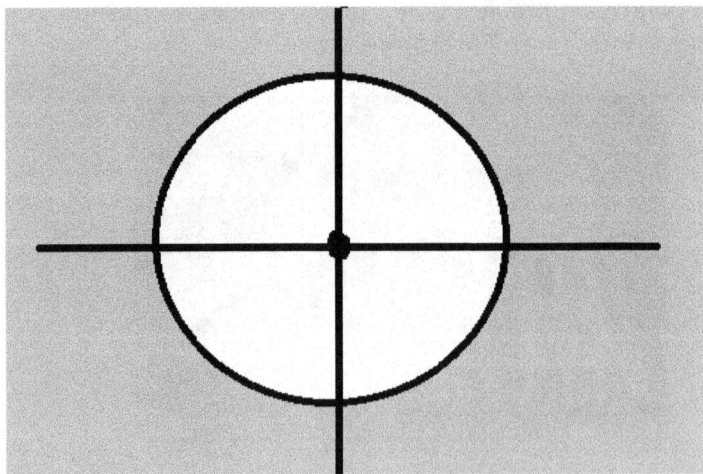

圖 1-6（1）　"．"、"1"、"o" 叫 "點"、"綫"、"圓"

"．"叫"點"，代表著一種真實的物質和真理，一種控制力量和權力中心。它是萬物的源頭，具有唯一、獨有和統治的地位。

"1"叫"綫"，代表著一種探索、進取和競爭。它也代表一種自上而下的發展過程，如人類社會的"君君、臣臣、父父、子子"；天體上的宇宙中心、星系、恒星和行星；科學是探索，所以科學是"1"。

"o"叫"圓"，代表著一種等級和次序，一種穩定的不能超越的界限。目前的宗教大都強調這種穩定和界限，包括他們常說的倫理法規和"仁義道德"等。這些法規是沒有圍墙的"o"，衝破這些法規而犯罪，就會被投入有圍墙的 "o"－－－監獄。如果人類都按這些法規和信條做，世界上的國家、社會和家庭一定會穩定、美好。但因爲沒有強調 "1"，即科學的進取和探索，我們只能在深山裏修煉和等死，所以宗教所說的這些法規和信條不完全反映宇宙法則。

五. 其他

除了前面談到的關於宇宙法則 "．"、 "1"、 "o" 的例子，作爲一個補充，我再給出一些額外的例子。

1. 男人和女人

科學家常常談論男人和女人的區別，有些科學家，花了畢生的精力，作了大量的試驗來證明男女的不同，這些試驗包括心理、生理和行爲等。最後終於得出結論，男人的行爲通常表現爲攻擊、獨立和探索；女人通常表現爲仁愛、依賴和穩定。實際上，如果那些科學家理解"o"和"1"的意義，從男女的生殖器上一眼就看出男女的區別，可省出多少時間。

男人的生殖器是"1"形，正如我們前面所說的，代表攻擊、競爭、獨立和探索；女人的生殖器是"o"形，代表仁愛、依賴和穩定，而"．"正是女人肚裏的孩子，未來的男人和女人，即"1"和"o"。這也對應數學中的"．"產生 "o"和"1"；反過來說，"1"和"o"的相交又產生"．"。

另外，"1"也代表空間，就是代表人的身長；"o"代表時間，代表人的生命週期，所以男人平均身高比女人高，但壽命比女人短。進一步，男人的精子是"."和"1"；而女人的卵子是"."和"o"。

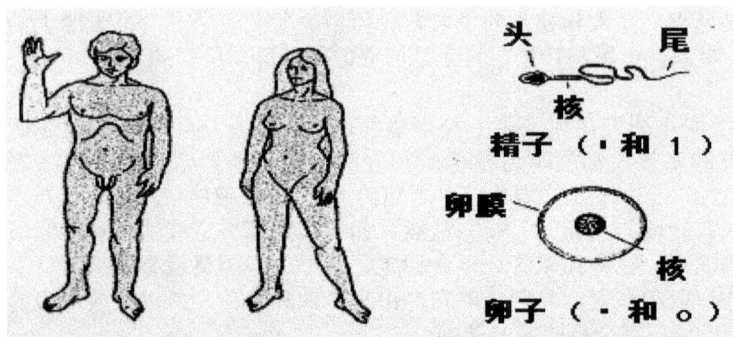

圖 1-7　男人和女人

這豈不是神造人或動物來表達宇宙法則 "."、"1"、"o" 嗎！

2. 外星文明

現代人都對飛碟（UFO）感興趣，之所以感興趣是不理解爲什麼外星文明的飛行器都是圓的，很多人認爲這是高技術的要求，我們還達不到。實際上，是地球人不理解"o"在宇宙中意義，當你理解了"o"在宇宙法則中代表"仁愛和親善"時，也就明白了外星智人的意思。外星人到達一個新的星球，最先考慮的是安全問題，是否會受到這個星球智慧人類的攻擊。所以一定要在飛行器的外觀設計上，直接表達他們到達這個新星球的目的。對于比他們智慧高的星球，當然理解圓形飛行器的意思，不會在他們未接近這個星球時將其擊落；對于比他們智慧低的星球，一定不理解圓形飛行器的意思，會攻擊他們，但技術一定達不到。

地球人類的飛行器都是綫形的，可見我們不理解"1"在宇宙中的意義。所以這些"1"形飛行器只能用於戰爭、攻擊和探索，打地球人自己是夠用了。外星文明只要看一下我們飛行器的設計就知道這個星球的水平了，他們也無法跟我們溝通，只要讓我們抓住了，一定是給解剖了作研

究。我們如何在飛行器的設計上表現出我們已經理解了宇宙法則，這就是
地球人類的智慧了，表現的越多，意味著這個星球越智慧。

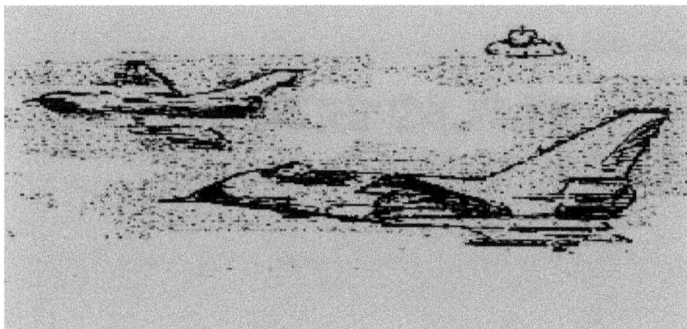

圖 1-8 　地球人的線形飛行器和外星人的圓形飛行器

前人的評論：

認識你自己 ………… 。

美德即知識，愚昧是罪惡之源。

－ 蘇格拉底 －

第 2 章
Chapter two

消失的古文明
Vanished Ancient Civilizations

問題和討論

1. 人類的古文明和宇宙法則有什麼聯繫？

2. 宇宙法則給人類的文明帶來什麼啟示？

3. 人類的祖先是否已感到宇宙法則并預見其對將來的影響？

一. 引言

我開始想，如果有一天地球突然毀滅，我們將留下什麼標誌物來體現今天的全部智慧和文明呢？是埃菲爾鐵塔、自由女神像，還是悉尼歌劇院？

二. 標誌物

想到上一章談到的宇宙法則 "．"、"1"、"o"，我開始在地上畫一個小點，以這個小點為圓心畫一個圓，再在這個小點上插上一個細棍棒，宇宙法則 "．"、"1"、"o" 都有了。從細棍棒的最高頂點向下，可引許多線連在圓上，就成為一個圓錐。我想，今天智慧文明的標誌物，應當是個圓錐形。如果圓錐設計成一層層重疊向上，就表示能級。再將底圓比作地球赤道，細棍棒比作地球半徑就更有意義了。

進一步，就是在圓錐內部加上點數、理、化知識，如能有表示原子結構、太陽系、銀河系或人體結構就更加完美了。

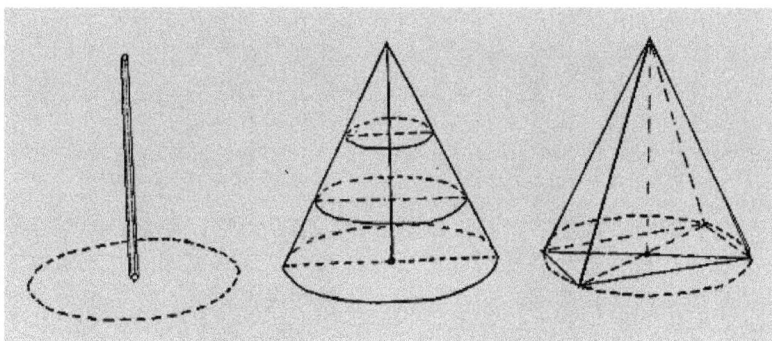

圖 2-1   圓錐變成方錐更直接表現 "．、1、o" 的主題

做到這裏，我覺得真開心，就好象完成了一個偉大的壯舉。後來，我發覺事情不是如此簡單，如果圓錐表面被東西遮蓋，就看不到中心的細棍棒了，怎樣從直觀上就表現 "1" 這個概念呢？我開始在底部中心小圓點上畫一個十字，直達圓周上，連接十字的頂點就是一個正方形，用四條線連接正方形頂點到細棍棒頂點，就成為一個方錐形。

我突然感到這圖形好象在哪里見過， 這不就是埃及金字塔圖形嗎？難到埃及以前的智慧先民，也是按這種想法設計出金字塔的嗎？或許只是一個巧合吧。

三. 消失的古文明

1. 埃及金字塔

我開始注意地球人的史前文明，可我沒去過埃及，更沒見過金字塔，也不懂古埃及的象形文字。帶著幾分疑惑，看了幾本介紹金字塔的書。從書上知道，在所有金字塔中，只有基沙 （ Giza ） 高地上的胡夫（ Khufu ），卡夫拉 （ Khafre ） 和曼卡拉 （ Menkure ） 三個法老的金字塔最大，也最為古老。

關於這三座金字塔，至今仍有很多爭論。有說是這三個法老所建，是他們的陵墓。有說不是，因為裏面既沒有法老的屍體，也沒有任何歌頌這幾位法老的經文，甚至連文字也沒幾個。此外，也有人說是由一萬多年前的更高智慧先民所建 （ 包括人面獅身像 ），更有說是外星人修建。

金字塔用了大量的岩石，最重一塊超過幾百噸，在當時沒有任何起重設備的遠古時代，這幾乎是奇跡。除此之外，還有高超的建築風格，連刀片都插不進的岩石接縫，以及日曆、數學和幾何系統，如黃金分割律及菲波納奇數列。最令人稱奇的是，三個金字塔代表獵戶星座的三個亮星， 而尼羅河則代表銀河；金字塔的高除底邊周長近似等於地球半徑除以地球赤道周長等。總之，三大金字塔充滿了大量神秘和不解。

最令我感興趣的是，為什麼金字塔要建成正方形底邊的錐形體，而不是其他形狀？他們信的是什麼宗教？幾乎沒有一本書或古埃及學者能解釋。

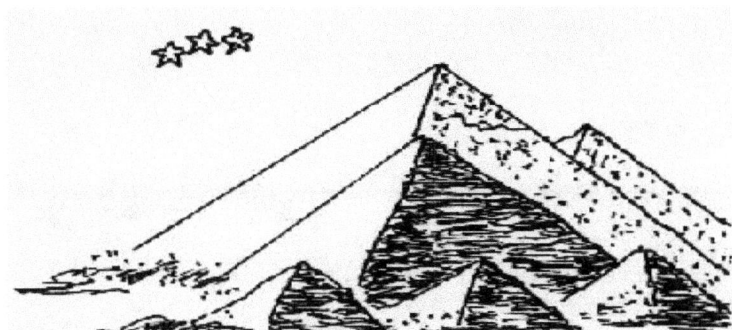

圖 2-2　　基沙 （Giza）高地上的三大金字塔與三星

2. 阿拉伯數字

在看過介紹埃及金字塔之後，我又開始注意到阿拉伯數字，這 " 0、1、2、3、4、5、6、7、8、9、10 " 可能也非常有意義。這些數字是從 "."、"1"、"o" 開始的，為什麼從 ".、1、o" 開始，而不是從 "6、7、8" 開始，這就是問題了？進一步，10、100、1000、10000、…… 似乎帶有一種 " 1" 和 "o" 的金字塔層次結構。

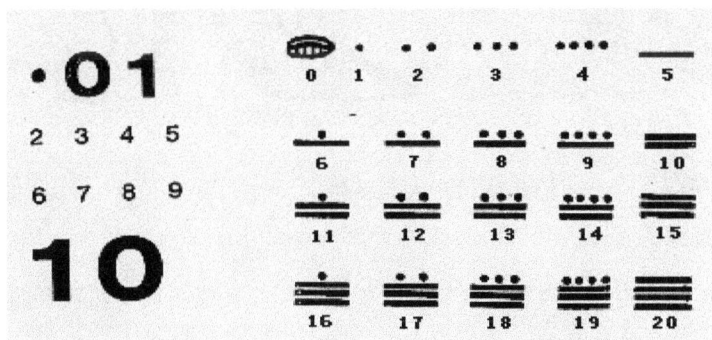

阿拉伯數字　　　　　　　　　　　　　　瑪雅數字

圖 2-3　　古老的 "."、"1"、"o" 數位記號

大英百科全書有這樣一段話，"現代數系（底為 10）的起源能夠追溯到 5,000 年前的古埃及……"，又是從埃及。

3. 中美洲的瑪雅文化

我們再到中美洲的墨西哥，那裏也有許多類似埃及的大金字塔。

美洲古老的瑪雅人也有一套數位記號，圓點、橫線以及一個代表零的象形文字。見 圖 2-3

圖 2-4　　中美洲墨西哥瑪雅人金字塔

兩塊大陸的金字塔和象形符號竟如此的類似，這不是偶然巧合的吧？再進一步看，墨西哥金字塔切割了南北兩大美洲；埃及金字塔切割了非、亞、歐三大洲，都在大陸的中央，就象一男一女遙相呼應，沒有高度智慧，沒有探查過全球的地理，怎麼可能有這麼準確呢。

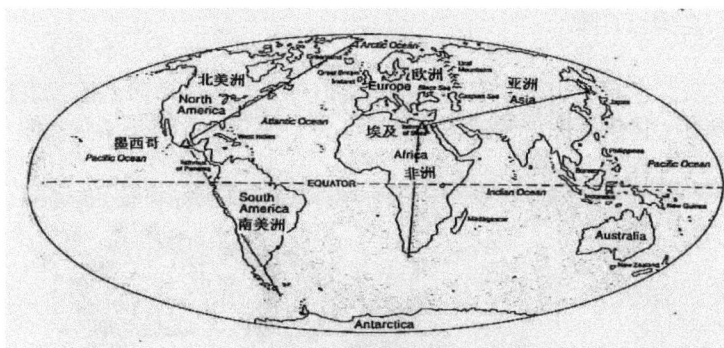

圖 2-5　　　埃及金字塔切割了亞洲和非洲；
　　　　　　墨西哥金字塔切割了南北兩大美洲

4. 中國的易經

　　中國最古老的哲學大概就是易經了。易經也叫周易，相傳是 3500 年前周朝皇帝周文王所創。分"經、傳"兩部分，由卦和爻兩種符號重疊演化成 64 卦、384 爻，每一卦和爻都有卦辭和爻辭解釋。周易所表達的哲學和宇宙觀可以領導幾千年的中國文化，包括哲學思想、醫學、社會理念。但實際上，易經在更早的夏朝和商朝就已初具規模，從目前出土的商代甲骨文上，就已出現大量卦經。因此易經的來源仍然是個謎，易經所表達的"."、"1"、"o"法則，也是失去的古文明的一部分。

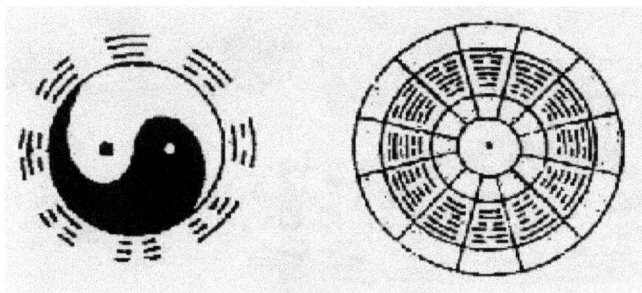

圖 2-6　　中國的易經和八卦陰陽圖

37

5．英國巨石陣

在英國，也有一個史前留下的巨形圓石陣。這些圓石陣到底代表什麼意思，沒有一個學者能準確解釋，是天文臺、標誌物，還是宗教信仰，那就由讀者思考了。

圖 2-7（1）　英格蘭巨石陣超過四千年以上

其他還有類似表示 "o" 的古遺址。

圖 2-7（2）　希臘德爾菲（Delphi）太陽神廟

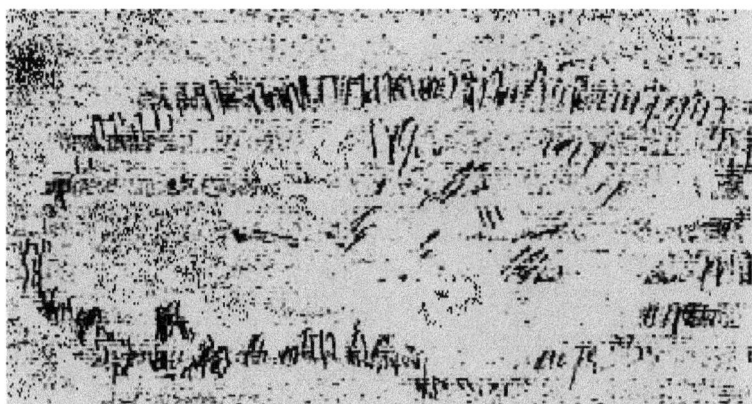

圖 2-7（3）　四千年前的新疆羅布泊小河墓地

圖 2-7（4）　方尖碑，埃及
　　　　　　（Luxor）

圖 2-7（5）　尖石碑，埃塞
　　　　　　俄比亞（Aksum）

以上兩個是表示"1"的古遺址。

四. 遠古智慧人的信仰

古埃及智慧先民可以肯定是既有語言、也有文字,否則不可能有這種智慧和組織這樣龐大的工程去建金字塔。我們先不管基沙高地三個大金字塔是何時建造,單單從金字塔的建造風格和結構看,他們一定有一種宗教信仰,或來自一本經典書,否則他們不可能有這麼大的動力,做這項勞民傷財的工程。但可惜的是,這個宗教信仰和書都失傳了。

智慧先民建造的三大金字塔,沒有在其內部和外部對法老進行歌頌,說明這三座金字塔不是為法老建的,而是一種標誌物。金字塔尖直指蒼天的星星,我相信他們就是信這個 ".",為了使後人相信指的是星星,他們還特意將三大金字塔連線和大小都與獵戶三星連線和明暗相對。

"."不代表一個神的名字,只要將它翻譯成地球人的語言或寫成神的名字,就失去了意義,因為後人會以為這個名字就是神的名字,而成為一個民族或一個國家的神加以崇拜。他們不寫出來,而是用金字塔尖指向蒼天一 ".",這 "." 就是萬能之主,宇宙之神,無有名字,無法歌頌,這是多麼智慧呀。

正因為如此,三大金字塔內沒有歌頌法老的經文就是自然的了,而後期的金字塔多出現神的名字,有的乾脆就將法老當成神加以頌揚,可見宗教信仰的衰落。到如今,世界各國、各民族都有自己的最高神,如基督教的上帝;伊斯蘭教的阿拉;希臘神話的宙斯;中國神話的玉皇大帝 ......等,有的將人當神,...... ,近代更有將宗教領袖、氣功師或政治人物當神 ......。這些帶名字的半神半人東西出現後,各國、各民族都開始將自己的神說成是真神,其他民族或國家的神都是假的,而且都強調不能拜偶像,只能拜真神。從此,全球各民族戰爭連綿不斷,百分之七十由宗教引起,另外百分之三十是土地和種族。特別是 9.11 恐怖襲擊世界貿易中心後,宗教戰爭似有擴大趨勢。

可歎當今世界的宗教信仰,還沒有哪一個能超過金字塔人那樣的智慧。我們現在的考古學家還在質疑,金字塔人是否是現在的埃及人,還是來自什麼大洋洲的已經消亡的民族呢?

40

五. 總結

我們還不能確切知道，遠古智慧人類是否就是信仰".＂、"1"、"o"，但種種跡象表明，消失的古文明確實與這些符號有很大的聯繫，他們似乎已經感覺到了".＂、"1"、"o"的意義。至於說這一宇宙法則，是來自宇宙深處的另一高度文明，還是來自我們智慧祖先的本身發現，就很難說清。總之，在幾萬年前，這一法則就己深入地球人類中，它不用我們天天喊著崇拜、燒香和拜神，但我們每天都離不開它，又不得不使用它，如用這些數字買東西和算賬。就象近代最先進的計算器和機器人，也要使用"o"和"1"法則作為基礎，真是太神妙了。

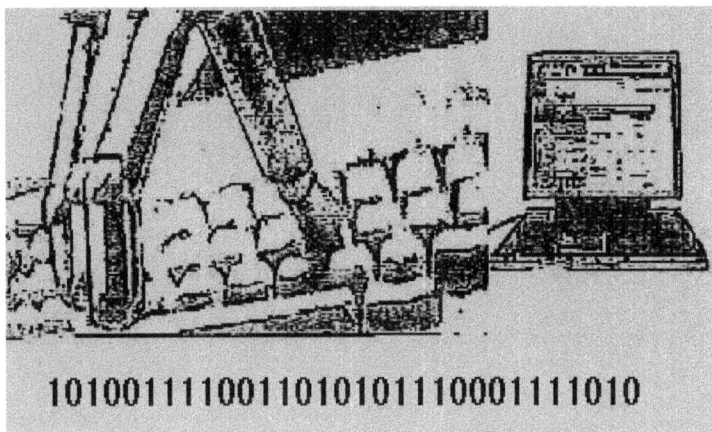

圖 2-8　電腦

前人的評論：

知識就是知覺。……

某物在我看來如此，它就如此；某物在你看來如彼，它就如彼。……

－ 柏拉圖 －

第 3 章
Chapter three

變化的法則
The Rule of Variety

問題和討論

1. 宇宙法則的四種特性是什麼?

2. 什麼是虛實特性?

3. 什麼是運動特性?

4. 什麼是對立與矛盾特性?

5. 什麼是週期特性?

一. 引言

我們所說的 ".."、"1"、"o" 宇宙法則，它們的性質是怎樣的呢？

二. 虛、實特性

宇宙法則 ".."、"1"、"o" 既可以是實，也可以是虛；既可以是大，也可以是小。大小可相互參照，虛實可互相交叉。如人為實，則人腦是 "."、身寬為 "o"、身高為 "1"；人為虛，則胎兒是 "."、女人為 "o"、男人為 "1"。對於太陽系來說，如果是實，則太陽質量為 "."、時間是 "o"，空間是 "1"；如果是虛，則太陽生命智慧是 "."，引力為 "1"，能量為 "o"。

三. 運動特性

"." 表示一種真實的物質，一種控制中心。它可以運動，可大可小，可膨脹和收縮，但只能是圍繞中心本身的週期往復運動。如太陽的脈動、地球的潮汐，以及人呼吸時身體的凹進凸出。

"1" 代表攻擊、競爭和探索。"1" 之所以攻擊是想取得地位和能級。"1" 也是運動的，可以伸長和縮短，當有個開始後，"1" 的伸長和縮短就有了方向，它會一直沿著一個方向走下去，直到條件改變。

"o" 代表忍讓、仁慈和穩定。"o" 之所以忍讓是想取得穩定。"o" 也是運動的，可以左旋和右旋，所有的同心圓都不會相交，所以產生能級。在物理學中，從一個接近圓心的小圓跳到一個大圓需要能量，從一個大圓回到小圓需要力，不同的時間就是在不同圓上的轉動。

"."、"1"、"o" 的關係就象一塊石頭扔進水裏，由中心點不斷向外圓形擴散。"." 產生 "o" 和 "1"，這就是波，宇宙中到處都充滿了波，只因波是 "."、"1"、"o" 的綜合反映。

圖 3-1　　水滴所引起的波

四．對立與矛盾特性

一個"．"不會有矛盾和對立，但當"．"分出"o"和 "1"時就會產生了矛盾。宇宙中普遍存在著對立與矛盾，如大小、男女、善惡、正負、生死、陰陽 …… 等，這種現象正是"o"和"1"的相互交叉作用造成。

最形象的比喻就是，"1"的形狀就象一個矛，而"o" 就象一個盾，這就是"矛盾"。古代和現代哲學思想，包括唯物、唯心、辯證法和形而上學無不來源於此。

圖 3-2　　　　矛和盾

生死是一對矛盾。"1"是死，"o"是生，因為攻擊，競爭和探索多數是處於危險，而忍讓、仁慈和安定是社會穩定之本。

科學和宗教也是一對矛盾。"1"是科學，"o"是宗教，因為科學鼓勵探索，而宗教鼓吹仁義道德。科學和宗教的對立表現在哪一個占社會統治地位，幾百年前宗教得勢時，教會要殺死科學家；目前科學昌盛，當然要說宗教是封建和迷信了。有的科學家更將迷信擴大，把屬於科學的東西也歸迷信，如人耳能識字就是一例。

古埃及的人面獅身像也給出了矛盾的兩面、善惡的本性，人是善，獅是惡。

五. 週期特性

除了"."本身有擴張、收縮和脈動週期外，"o"、"1"的交叉運動，就產生交叉週期。

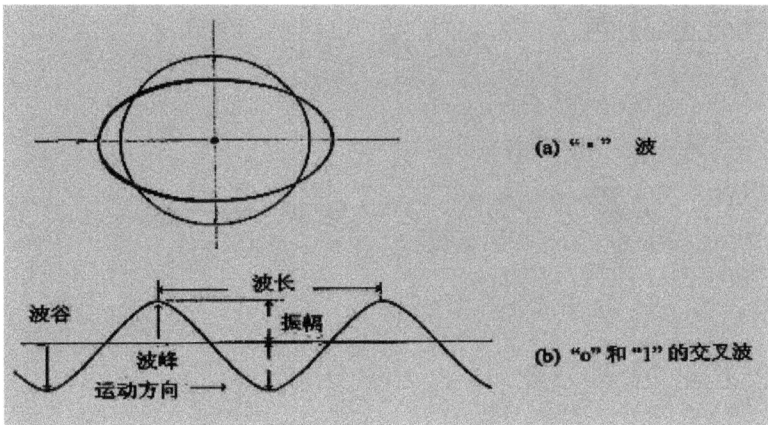

圖 3-3　　　　波的週期和形態

人、天體以及宇宙萬物本身的生命週期是 "." 週期，當代物理學的聲波、水波、電磁波、以及經濟學的波浪理論等，是 "o"、"1" 的交叉週期。

　　"." 週期是宇宙萬物本身固有的，而 "o"、"1" 相交週期則表現宇宙萬物的交叉形態。如人的生死是 "." 固有週期，無法改變，但夫妻週期性打架就不一定是固有的，而是 "o" 和 "1" 的交叉。

　　如果有人問為什麼宇宙充滿了矛盾和週期？回答就是，因為有了 "."、"1"、"o"，這三個互相作用和轉化，才構成了宇宙萬物的各種矛盾和週期形態。

前人的評論：

　　在自然中一切都是有目的的。……

　　我沒有現成的根據，沒有可照抄的模型，我是一位開拓者，所以我是渺小的，希望諸君承認我成就的，原諒我未成就的。

－　亞里士多德　－

第二篇 本論

Part Two: Content
（"o"）

有詩為證：

群山環抱有寶藏，碧水長青隱秘泉。
學海無涯千萬類，樓高深鎖書萬千。
物質世界含哲理，樂在其中總是圓。

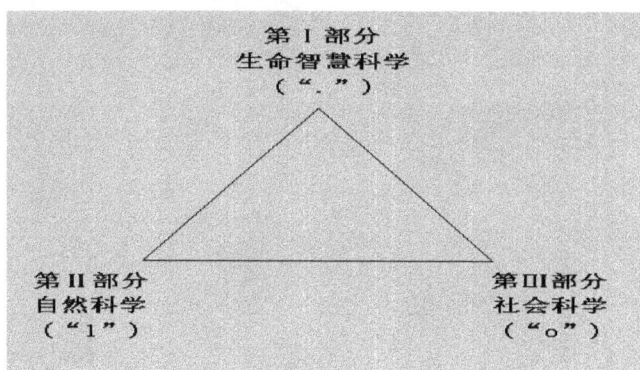

第 I 部分
生命智慧科学
（"．"）

第 II 部分
自然科学
（"1"）

第 II 部分
社会科学
（"o"）

第 I 部分　Section One:
生命智慧科學　("．")
Wisdom　Sciences

有詩為證:

生命之根在原子，原子之根在中間。
小小環球似宇宙，千奇萬種變化端。
基本法則藏其中，智慧之泉命中源。

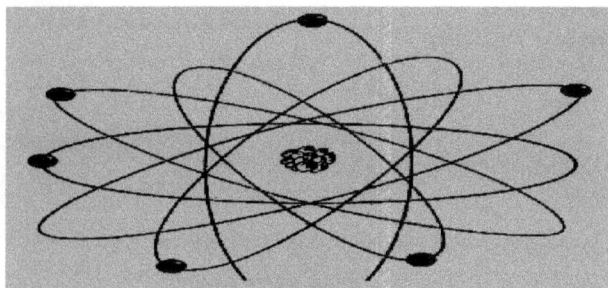

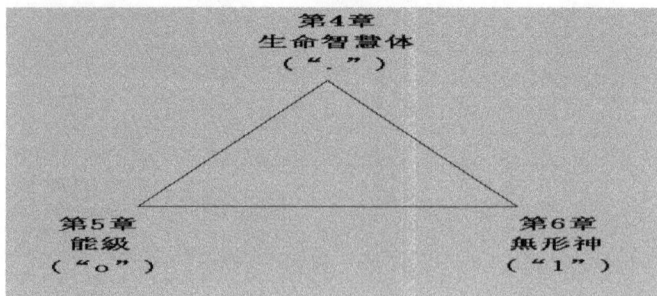

第4章
Chapter Four

生命智慧體
Intelligence

問題和討論

1. 生命智慧體的存在形式是怎樣的？

2. 為什麼有生命的萬物都不知不覺地表現出一種宇宙的特性？

3. 低等生物為什麼有的表現星系旋渦狀；有的表現宇宙爆炸狀；有的表現恒星、行星網波狀？

4. 什麼是 "."、"1"、"o" 評估法？

5. 為什麼說發光的時間長短是生命智慧的標誌？

一. 引言

在人類的歷史上，智慧的祖先常常問這樣的問題：

1) 有沒有一種法則控制著整個宇宙，包括生物體和天體？人和天體從那裏來？綜合起來這是 "." 的問題。

2) 有沒有一種法則制約著整個天體或生物體的存在？或有沒有法則決定他們的存在空間和時間？這是 "o" 的問題。

3) 有沒有一種法則可以決定生命體或天體的未來？它們將來的歸處和運動方向如何？這是 "1" 的問題。

生命智慧體是研究這些問題的分水嶺，因為後面要用，這裏將給出一些初步的想法。

二. 生命智慧體的存在

人、深海魚、太陽和地球能夠發光或電磁波是由於其內部深處存在某種生命智慧體，并由其操控產生的。

人人都在作夢，夢的產生雖然至今還有很多迷有待解答，但夢境通常是人們日間活動的影像或重要事件刻在頭腦中。有時夢又是人們對未來的幻想，似乎在預示著什麼。科學家的許多靈感是從夢中產生，幾十年的不懈努力一無所獲，但一日之內，所有疑難迎刃而解。包括這部書的許多內容，竟是一覺醒來，以前一知半解的問題，似乎全都明白。

有人練氣功練出幻覺，說自己上了幾層幾層天，看到什麼什麼仙境，本來身患絕症、無藥可治，但幻覺幫助病人暫時忘了疼痛和生死，有時還能起死回生。

而一些人本來無病，但醫生誤診說有癌症，有人竟嚇的精神崩潰，第二天就上吊自殺，說要安樂死。

有人病入膏肓，靈魂出竅，感到自己的幽靈上了天花板，飄蕩在虛空中。

許多文學、藝術家、畫家和音樂師，他們對大自然的心靈感覺都是共通的，美妙的令人陶醉，醜陋的使人生厭，這種心有靈犀一"點"通，"點"是什麼？

又如在人腦中心有個小空囊，位於兩眉中心向後方的沿線上。我們整個身體是由這一點的"空"控制，這個空心之地裏面是什麼，科學儀器是不能準確看到的。

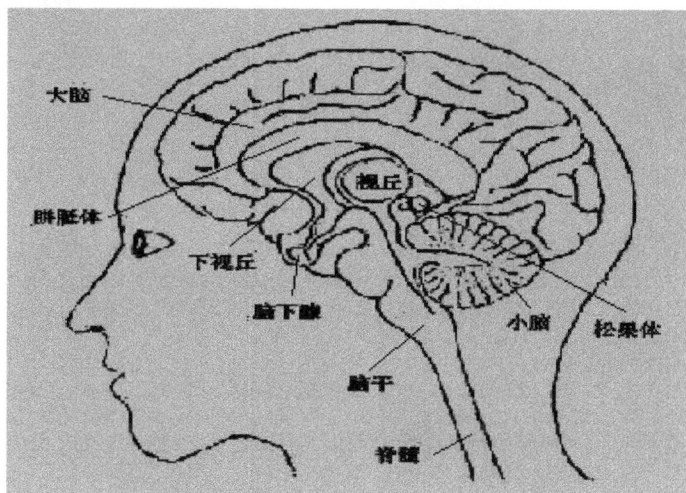

大腦
視丘
胼胝体
下視丘
腦下腺
小腦
松果体
腦干
脊髓

圖4-1　　人腦結構

颱風中心有個空心眼，稱風暴眼。這風暴眼平均直徑大約有十幾公里到幾十公里寬。在眼裏，無風無浪像是世外桃源，但幾公里外就是狂風暴雨，海浪沖天。小小的空眼控制著方員幾百公里的巨大旋渦颱風，其能量何其大。科學儀器能看到什麼？什麼也看不到，只是氣壓低點。當颱風登陸，空眼遇到高山、樹林，能量中心被破壞，颱風也就煙消雲散了。

圖 4-2　　　旋渦颱風中心

　　無獨有隅，每個人的腦後都有一個或幾個腦旋，就象地球的風暴眼。它將頭髮一順排開，形成旋渦結構，具說是從娘的胎盤上就一圈一圈向外長。這腦旋有什麼功能，同颱風形成一樣，至今也是個迷。小時常見同院大孩子打架，有個孩子頭上有三個旋，打架最凶。所以孩子們常說：一旋橫，二旋擰，三旋打架不要命，說明這腦旋同人的性格和行為有關。

圖 4-3　　　腦旋

從另一角度說，腦旋也使你理解宇宙法則、邏輯分析和數理思維。它也是生命輪，隨宇宙自然旋轉，與天地共呼吸，懂得善與惡，這不是任何人能放上去的。如果有人想憑此控制你，你就更小心掉入死亡的深淵。注意，你的師傅是天與地，是它給了你智慧腦旋和生命輪，讓你超過任何所謂聖人和神人，立于天地之間。

三. 生命智慧體的表像

我們說任何有生命的萬物，都不知不覺地表現出一種宇宙的特性，這種特性就是".", "1"、"o"性。由於".", "1"、"o"是呈連續運動狀態，所以又通常表現為渦旋形狀。

如果你懷疑幾萬年前人類就懂".", "1"、"o"，那看看這只蜘蛛，它織的網有多美，真是嚴格按宇宙法則去做，是誰教它的呢？

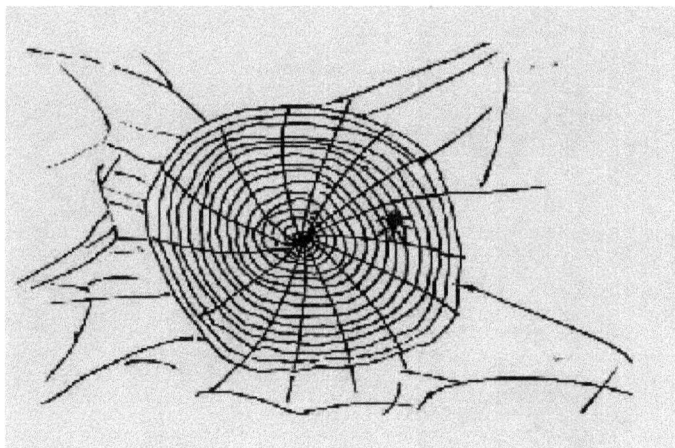

圖 4-4　　蜘蛛網象樹輪，呈".", "1"、"o"性

還有海螺和貝殼，我們稱它們是低等生物，但它們一出生就按宇宙法則的原理構築外殼，其行為表示，它們早在幾億年前就知道宇宙法則了。

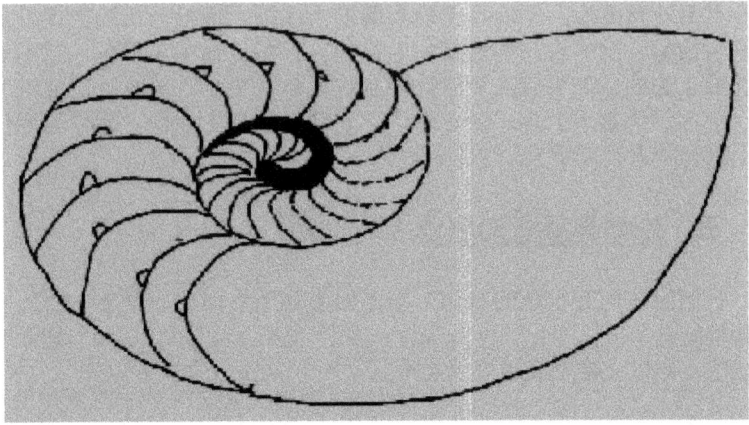

圖 4-5（1）　　海螺的星系渦旋式外殼

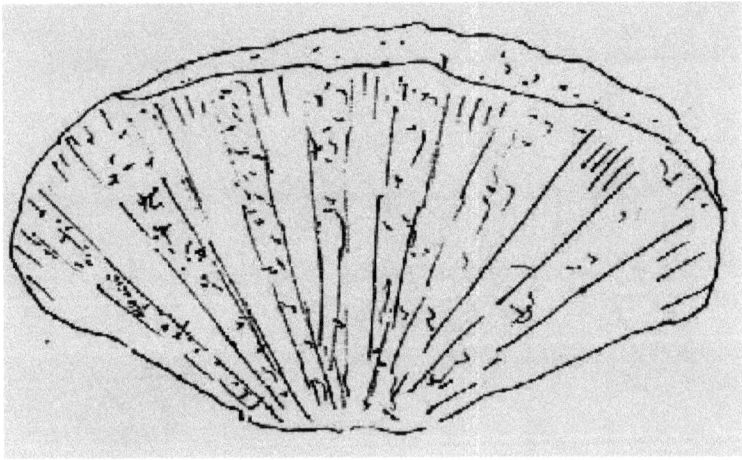

圖 4-5（2）　　貝殼的宇宙爆炸式外殼

前面談到一顆樹，它的樹幹內部呈"．"、"1"、"ｏ"形態，它的三個重要部分 ----- 種子、枝子和葉子也呈"．"、"1"、"ｏ"三種特性。從幾十億年前，在地球上還沒有任何動物之前，它們就知道這樣分佈，為什麼？只因它們從地球的土壤中、從太陽的陽光裏吸收了含有這一特性的能量。

三種特性又包含實和虛，這也是宇宙特性。從實性看，種子是大樹的源頭，所以呈"."性。樹枝不斷從中心向外生長，所以呈"1"性。葉子就象一個圓圓的大蓋子扣在種子和枝子上，所以呈"o"性。

從虛性看，種子表現為聚合力量，表示其對枝和葉的控制。它不會允許枝子和葉子胡亂生長，而是穩穩地將枝、葉控制在一定的比例範圍，比例的準確程度表示種子對枝和葉的控制力度。如果種子不好，枝、葉就會生長雜亂和矮小，需要人幫助剪枝，這是"."性。枝子和葉子也盡力想爭脫種子的控制而向外伸展和擴散，這是"1"性。而種子、枝子和葉子之間的金字塔型層次能級結構關係，就是"o"性。

這種性質也可推廣到目前許多應用領域，如企業、工商管理和各部門的人員結構分佈等。

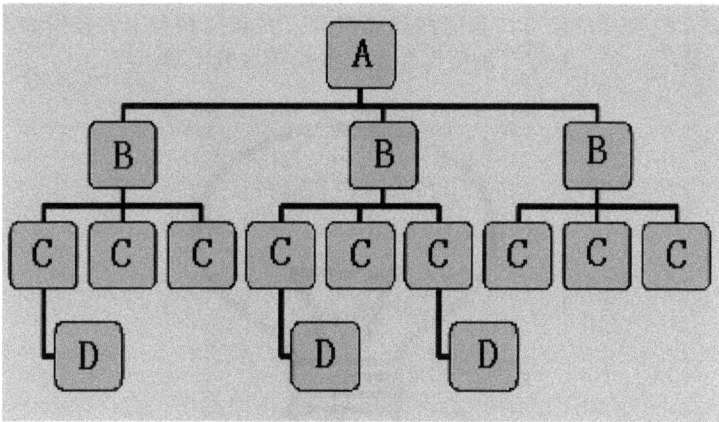

圖 4-6   企業管理的種子牢牢的控制它的部門葉和枝的比例

四. 生命智慧體的評估

1. 課本評估法

有人問：你說太陽有生命智慧，那它的智慧是多少？比人大多少呢？

我們可以這樣說，宇宙的智慧，包括行星、太陽和銀河系中心等，是很難用人的現有知識和智慧進行評估的。如果你問他們懂多少數學和文學知識這是毫無意義的，這就是唯物學家通常認為天體是無智的原因，因為他們是不能用大學書本上的知識來評估天體的。

通常講，宇宙的智慧是按完成的成果來評估的，如一個建築工程師，他會說自己有多少建築知識和學歷，但只要是他設計的樓，一定要倒塌，這說明他的知識還遠遠沒達到蓋樓的水準。金字塔人沒有留下什麼數學公式和工程圖紙，但他們設計和建造金字塔的技術，有些方面現代人也達不到。

太陽用行動證明了它的生命智慧，如太陽用氫氣發光，幾十億年也不斷，而我們的鎢絲燈泡，不是一大堆次品，就是使幾個月一定要換。有些國家乾脆就經常停電，有燈泡等於沒有。太陽控制身上的核爆炸如探囊取物般簡單，而人類想控制核爆炸就如飛蛾撲火般困難。

圖 4-7　　　發光時間的長短是生命智慧的標誌，如生物體自身發光時間最短，人造物體次之，天體最長

拿人類現有最高水準的知識和智慧來評估太陽的生命智慧，就如同剛會說話的幼兒評估大學教授一樣。

2. "."、"1"、"o"　　評估法

儘管我們無法用大學的課文和考試分數來評估宇宙萬物，但簡單的"."、"1"、"o"法則，可以對它們進行粗略的評估。

1) "."評估：是評估一個生命物質對另一個物質的控制力。控制力越強、越穩定，也越有生命智慧，一點控制力都沒有就是"死"物質。如國家總統，能控制眾多民眾，就需要智慧，控制不了，就要天下大亂或下臺；太陽、行星就是牢牢地控制著它們的衛星，控制不了，太陽就快成紅巨星了；平民百姓雖然不能控制別人，但能控制自家的鍋碗瓢盆，控制不了，就是病、殘、廢；唯有桌子和椅子不能控制什麼，因為它們是死東西。控制就是一種聚合力量，生命的表現，也是決定生死的關鍵。

2) "o"評估：是評估一個生命物質對周圍事物環境的能級水平。比如一個小學生比不上一個大學生的智慧和知識水平，大學生又比不上一個教授的知識水平，這是因為他們處於不同的知識能級上。衛星、行星、恒星、星系 …… 等，也都處於各自的時空等級水平上，這種生命智慧能級，也叫"o"智慧。

3) "1"評估：是評估一個生命物質對周圍事物環境的突破。一個小學生在專業知識能級上不如一個大學教授高，但他在某一方面有創造發明，如愛迪生只有小學水平，但他的發明、創造遍佈各個領域。而許多高學問的人一生只是考學位、混文憑或編、抄別人的學問，自己沒有一點創造。創造智慧是不能用學位和地位來衡量的，這就叫"1"智慧。

一個個衛星總是圍著行星轉，一個個行星總是圍著太陽轉，他們都不能脫離上一能級的控制。突然間，天空上有了一顆人造衛星，它能夠脫離行星的引力，甚至太陽的引力到外太空去，說明人造衛星在突破智慧這方面比行星和衛星本領大，這就是因為人類具有創造性智慧，而行星和衛星沒有。

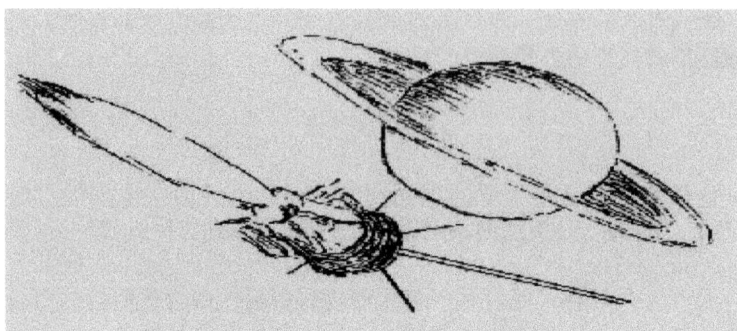

圖 4-8　　　　　人造衛星

五. 總結

作為總結，我們的宇宙是處於無形和有形的交織中，無形控制有形，有形又反映了無形的本質，這就是物質和意識的實、虛關係。只有生命智慧體才能展示宇宙法則這一過程（ 如對物質環境的控制 ）；只有生命智慧體才能表現這一過程（ 如樹和貝殼 ）；只有生命智慧體才能認識這一過程（ 如科學探索 ）。

另外，在哲學上，實和虛的兩相性表現為實體和虛體的依賴關係；在文學上，就表現為表面文字和文字本身所表達的意境；天文學上是有形天體和無形天體；在物理學上，就演變成波粒兩相性 ……，這些都充分反映了宇宙萬物的整體性和完整性。

前人的評論:

科學不是一個人的事業。…… 學會讀書，遠可能比你想像的要困難得多。

真理就是具有這樣的力量，你越是想要攻擊它，你的攻擊就越充實和證明了它。

－ 伽利略 －

第 5 章
Chapter Five

能 級
Energy Level

問題和討論

1. 什麼是能級系統？其特性如何？

2. 為什麼說水、細菌和人是宇宙能級系統的三大鴻溝？

3. 為什麼能級既要保持穩定，又要進行擴展？

4. 能級如何突破和提高？

5. 能級降低對人類有什麼影響？

一. 引言

宇宙是等級的、次序的和層次的，不是雜亂無章的。一個中心點套著無數個同心圓，每一個圓都不能相交并處於各自分立的層面上，這就是能級。

二. 宇宙的能級

太陽系是一個能級系統。中心的太陽有九大行星，它們各自處於分立層面上；九大行星又都有衛星，這也是一個能級組合。九大行星無法放棄太陽而奔向宇宙，除非它們獲得額外的能量。

原子中的電子排布是一個能級系統。低能級的電子進入高能級需要獲得能量，更大結構的星系系統也是如此。

人類社會是等級系統。一個國家有總統，之下有部長，部長下有局長，局長下有處長，處長下有科長，科長下有職員。對一個大公司來說，最上層是總經理，接下是部門經理，最下是普通職員，等級森嚴，如眾星拱月。

中國儒家大師孔子有句名言叫：君君、臣臣、父父、子子、……，講的就是這種由上至下的等級關係。

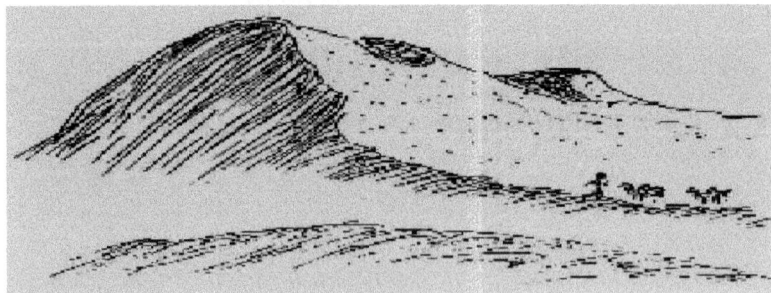

圖 5-1　中國甘肅敦煌有個鳴沙山

萬物皆有靈。有人發現水會思考，花會隨音樂搖擺；實際上，石頭、沙丘也懂得出聲，如中國甘肅敦煌有個鳴沙山；樹林也會唱歌，這就是人們常常聽到的松濤聲，儘管樹林需要借助風才能發聲，是風給了樹葉能量。

按生命智慧分，岩石的能級最低，但分有許多層次。水居於岩石和植物中間，沒有等級，只是將兩者分開形成鴻溝；植物在水之上，又分各種等級；細菌居於植物和動物中間，也無等級，也是分開兩者形成鴻溝；動物分各種低、中、高等級；人居於動物和神中間，一般地說也無等級，只將兩者分開；神分等級，最低級神為有形神，如地球和太陽，最高為無形神，隱在宇宙中心。

神	高/中/低	↑ 无形	宇宙中心 星系中心 地球、太阳	↓ 有形	
					鸿沟
人 动物	高/中/低	↑ 有智慧	哺乳类动物 鱼类 昆虫	↓ 无智慧	
					鸿沟
细菌 植物	高/中/低	↑ 有感觉	树 草 植被	↓ 无感觉	
					鸿沟
水 岩石	高/中/低	↑ 有吸能	沙子 石块 岩石	↓ 无吸能	

表 5-1　萬物能級圖。宇宙大爆炸之後，各位置就存在了。

以上這些能級位置從大爆炸之後就形成了，通常是有低能級才有高能級，比如沒有水就沒有水以上的植物和動物。

當低能級填滿後，就向高能級發展，如同電子排布，但如果中間有空缺就會補上。舊的物種會滅絕，新的物種也會產生（自然條件下）。水、細菌和人是三個最重要的臺階，超過水才有植物，超過細菌才有動物，超過人才是神。神之上是什麼我們感覺不到，如同動物只能感覺到人一樣。高智慧的外星人也是人，并沒有到達神的能級。

讓我們再回到埃及基沙高原，在三大金字塔旁不遠處，還有一個與大金字塔同時代的古老建築，就是人面獅身像。我們可以看到，環繞人面獅身像周圍有水溝，獅身上有水侵蝕的痕跡。我們可以假設在建人面獅身像時，獅身下部在水裏，水裏長有植物。目前，埃及學者對人面獅身像的解釋，就如同對金字塔的解釋一樣，眾說紛紜。

實際上，人面獅身像除了我們前面講的，代表善惡兩面外，還是遠古先人對宇宙智慧的理解。最下層是岩石，岩石上有水，水上有植物，植物上是動物，動物上是人。人和神隔著老遠，遠處的金字塔尖直指向蒼天的一點，代表著宇宙法則 "．"、"1"、"o"。遠古人類智慧能達到如此，就是現代的古埃及學者又有多少人能理解呢？

圖 5-2　　　人面獅身像

62

三. 能級的打破

"o"和"1"是一對矛盾，"1"總想打破"o"的框框。當一個核子物理學家給電子增加能量後，電子馬上高興的立即從低能級躍遷到高能級。

一個普通的人，通過學校的學習或自身的努力，可從平民變成總統。一個公司的總經理也會被下級職員所取代，只要這個下級職員獲得了額外的知識和技能。

公司的下級職員，拚命地努力向上，只因為越向上，管他的人越少。這就象電子躍遷，能級越高，自由度越大。但你不要以為能離開這個圓，因為圓的範圍擴大了。即使當上了總經理也要被地方政府管，當上了總統也會被聯合國管，總之是一圓套一圓。

一句話，宇宙萬物都有想獲得能量從低能級圓跳到高能級圓的原動力，這種原動力就是"."的推動。

如岩石，在經過千百萬年的風吹雨打、日曬冰凍之後，就吸收了足夠的能量而變成沙，只因為"沙"更接近於它的上一能級"水"。最原始的植物都是從水中長出，最原始的動物都是靠植物成長。許多人信神、求神、拜神，只因為神在人之上，他們自己能感到神并想變成神。動物根本不知道什麼是神，只因為動物和神之間隔著人。

四. 能級的提高

我們人類生活在地球這個圓上，地球上的一切災難，如洪水、火山、地震、異常天氣，對我們都有很大影響。如果離開地球這個圓，這些災難當然不會對我們有影響，甚至人類也不會滅亡。

為了提高能級，宇宙萬物想了許多提高的辦法。如天體提高能級，是靠不斷吸收周圍的物質增加質量。但這種增加的辦法非常緩慢，當周圍沒有物質可吸時，就無法提高能級了。另一種辦法是爆炸擴展空間，增加能級，這種辦法雖然快，但需要犧牲自己，讓下一輩來完成。

人類提高能級的辦法也是一樣，一是靠增加知識，特別是科學知識，但這辦法如同天體吸收周圍物質一樣緩慢。

二是靠遷移，就是擴展生存和知識空間。從幾百萬年前的類人猿化石發現，人類的祖先已經懂得了這一點，他們早已開始從非洲進入中東，從中東進入歐洲和亞洲的大規模遷移。移民是一波接一波，直到佔據了地球上的所有陸地和海島。當佔據了所有未開墾的土地後，再無地可占，不得不停下來。能級從此無法提高，加上技術落後，漸漸地同主要來源地斷了音訊而淪為島民。

圖 5-3　　　　除人之外，鳥類也懂得遷移

後來人也忘了祖先的探索，不得不又重新開始尋找新大陸。不知經過多少波的移民和探索，可推測大約在一萬至兩萬年前，有一族智人對全球進行了考察，將當時的人類文明推向頂點。這族智人創造了以 "." 、"1"、"o" 為基礎的數字符號和象形文字，選擇了四大塊大陸的中心 ----- 埃及和墨西哥為金字塔的建造地點。也許有一部書記載了這一輝煌，可惜沒人理解或已失傳。

最新的一波探索是在十五世紀，由哥倫布在 1492 年首先發現美洲大陸，又重新認識地球是圓的。

圖 5-4　　　　　　哥倫布（1451- 1506）

　　從幾百萬年前的類人猿到六十年代人類登上月球為止，人類都屬於地球智慧能級；離開了地球，意味著人類智慧上了一個臺階，進入太陽智慧能級；當離開太陽系時，就意味著我們開始進入銀河系智慧能級了。能級越高，太陽系內的災難對我們影響越小，災難到來的週期也越長。如地球的火山爆發每隔幾十年或幾百年就有一次，而銀河系的爆發可能要幾百萬年才一次，我們有足分時間可以準備。

　　總之，每一次遷移，每一次擴展空間，智慧能級都提高一級。

五. 能級的降低

遵循宇宙法則，地球人類的能級就會提高，反之就會降低，降低就等於死亡。恐龍由於無法提高能級而滅亡，以前古老的人類族群也是因為不能提高能級而消亡。

科學是"1"，宗教是"o"，只有科學，特別是探索外太空的科學，才能使人類能級提高。但當科學進行製造細菌武器或核武器這類屠殺地球人類，破壞社會穩定的行為時，就等於破壞這個"o"。另外，各種類型的戰爭也會使人類能級降低。

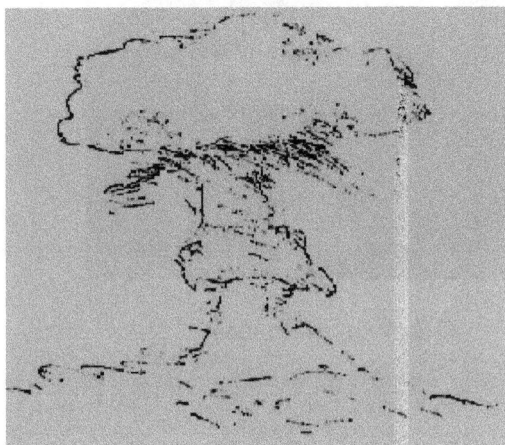

圖 5-5　　　第二次世界大戰時，美國將原子彈投到了日本的廣島和長崎，這是 1945 年廣島原子彈爆炸的情景

前人的評論:

在人類行為中表現的意志，如同所有其他外界事物一樣，受普遍的自然法則所決定。

－ 黑格爾 　－

第6章
Chapter Six

無形神
Invisible Absolute Being

問題和討論

1. 什麼是無形神?

2. 四大宗教信仰的意義和本質是什麼?

3. 宗教和科學的意義是什麼?

4. 為什麼崇拜會使人能級降低?

5. 為什麼戰爭和人類災難都與偶像崇拜有關?

一. 引言

前一章講了，宇宙是有層次的，也有能級。最高層為神，神又分無形神和有形神。人能體會到神，動物就只能體會到人，因為人會把它們抓住吃了，動物絕對不能跨過鴻溝體會到神。正因為人能感覺到神，才產生了宗教。

二. 四大宗教

1. 基督教

西元 1 世紀，耶穌出生於巴勒斯坦境內的拿撒勒（ Nazareth ），他創立了基督教。後來又分成天主教、東正教、新教等主要派別。基督教的主要經典書是"聖經"。

基督教教義認為，上帝是三位一體的神，是天地萬物的創造者，也是歷史的主宰并要審判世人。魔鬼撒旦是上帝的對手，耶穌是上帝之子，或聖靈降在他身上，使他有了神性，因此他能死而復活。

基督教的經典"聖經"由不同先知所寫，默示上帝的教訓、督責、使世人歸正，各行善事。它教人學義，使之得以完全。

圖 6-1   基督教

分析：聖經的全部經文除歷史和仁義道德法規外，主要內容是圍繞著一個中心，即無形神 ------ 上帝和有形神 ------ 耶穌。神就是".",不過，人不可能成為神，儘管有些人看起來確實有些神性。其原因如同，水會思考有感覺一樣，你不可以說水已經上升到植物了。人和神的主要區別在於壽命，即使是類人猿能活到今天仍然達不到最低有形神的標準，象地球這個最低能級的有形神，最少的壽命也要幾十億年。

此外，即使有形神的壽命已經相當長，但它們仍然會死，象地球、太陽、星系中心，直至宇宙中心都會死亡，唯一不死的只有那永恆的法則 -------"."、"1"、"o"。

2. 伊斯蘭教

西元 7 世紀，阿拉伯先知穆罕默德創立伊斯蘭教，伊斯蘭教的主要經典是"可蘭經"。

伊斯蘭教教義認為，阿拉是唯一、獨特的真神，全能的主宰。伊斯蘭教不認為基督教的三位一體，也不認為基督耶穌就是神并能復活，只認為耶穌同穆罕默德一樣，是上主派遣的使者。

對於阿拉的大能、大德、正義和仁慈與基督教的上帝相同。 "可蘭經" 強調宇宙的計劃性和秩序性以證明真主的獨一。 另外，教義也包括法律、道德和準則。

分析：伊斯蘭教除了仁義道德法規外，也是講了一個無形神 ------"阿拉"，與基督教一樣，都講的是"."。伊斯蘭教沒有塑造穆罕默德成為神，但"阿拉"這個名字同 "上帝"一樣，都是地球人給的名字，不是宇宙之神的。永恆之神一定給不出名字，有名字的神一定是地球人的。這些名字使地球人與地球人之間，地球人與宇宙智人之間的能級拉開，戰爭就起源於這些名字。

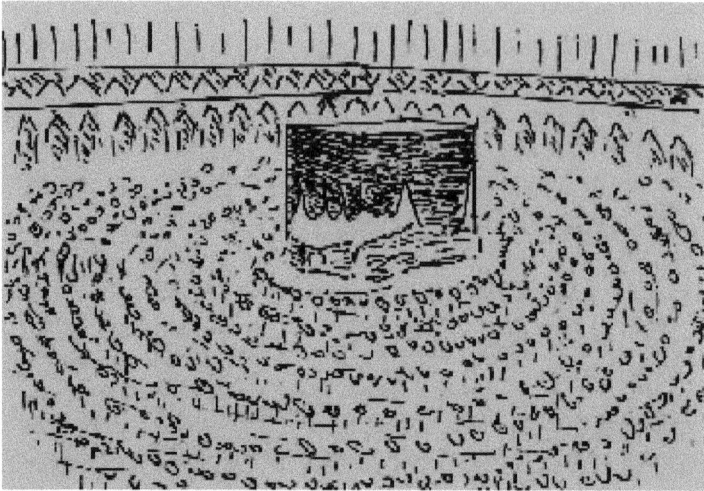

圖 6-2　伊斯蘭教

另外，過於傳統的宗教意味著"o"收的過緊。如女人本來就是"o"了，但男人仍然覺得她們"o"的不夠，要用布將她們包起來，只留一雙眼。這布就象一堵牆，使她們無法伸展。在舊中國，男人在女孩很小時，就將她們的腳骨頭壓碎變成小腳，使她們長大後無法走遠，女人為了提高能級才產生了女權運動。

3. 佛教

釋迦牟尼出生於西元前 563 年左右的印度。西元前 528 年，他在一株菩提樹下徹悟宇宙真理而成佛，隨後創立佛教。佛教的所有經典都由釋迦牟尼本人口述，并由弟子口傳。後來，又分有許多支派，如大乘、小乘佛教，密宗、禪宗 -------- 等。

佛教的主要教義認為，宇宙無始無終，不存在創造萬物的造物主，人的出現與死亡，只是輪迴反復的過程。釋迦牟尼不認為自己是神，只不過是導師，以下都是學生，佛、菩薩、羅漢是不同的學位。"四諦"、"十

70

二因緣”是佛教代表作。佛法有幾萬個法門，指導世人日常社會生活的倫理和準則，它也包括督人行善、功成圓滿等。

圖 6-3　　佛教

分析：佛經是最詳細地講述這個“o”的了，儘管創造了大量經文，眾多難懂的名詞，但還是只講了一個概念，就是“o”。當然，這是一個不斷轉動、擴大的“o”。

“o”中心是空的，所以佛家感覺到的是四大皆空、圓滿、正果等。小“o”向外擴大成大“o”需要付出能量、勞動和艱辛，這就是佛家說的“苦”。許多僧人隱居深山、吃齋打坐、感悟一生，還沒有走出這個“o”，最後鄭重地寫上，某某大法師“圓寂”了。

4. 道教

西元前 476 年到西元 220 年，中國戰國至秦漢時代，老子即老聃或李耳創立道教。主要著作是“道德經”，莊子也對道家理論作過貢獻。

道教的主要教義認為，宇宙萬事萬物由道產生，都同一本原，沒有高下、長短和貴賤，也無上帝創造。

道教發展了周易的陰陽學說，提出一生二、二生三、三生萬物的數學理念，主張陰陽平衡，宇宙無極乃太極的思想。

至於"道德經"中的督人行善、多行仁義之言，與基督教、伊斯蘭教和佛教同出一轍。

圖 6-4　　　道教

分析：道教除了講述了"o"，還闡述"1"。不過，不是很完全。

除了以上四大宗教外，世界各國還有許多其他的信仰、教派，如信太陽神、月亮神、英雄人物、鬼神 -------- 等，七七八八、成百上千。

三. <u>宗教和科學的意義</u>

總的來說，所有教派強調的"仁義道德"規範是一個　"o"，對神的崇拜是一個"．"。它們對"．"和"o"講的多，對"1"講的少，因為科學主要講"1"，所以宗教和科學常常衝突。從另一角度說，四大教派又象一棵樹，基督教和伊斯蘭教信的神是這顆樹的種子，就是"．"；佛教講的是這顆樹的輪廓，就是"o"；道教描述的是這顆樹從小到大，不斷向上的延伸，講的是"1"。它們加在一起似乎是宇宙法則"．"、"1"、"o"的一部分，但還要加上科學。

　　當今人們一直堅稱，他們信的宗教是如何如何的古老，如聖經的寫作可追溯到 3500 年前；可蘭經寫成大約在 1400 年前；佛教的釋迦牟尼、道教的老子、儒教的孔子都在 2500 年前；即使是摩門經，也有 160 年歷史。但以上教派哪一個也不是地球文明的最古老宗教，如本書提及的金字塔人的信仰，這信仰可追溯到萬年以上。雖然它己失傳了，但我們仍然能從那宏偉的埃及或墨西哥金字塔，中東和美洲的"．"、"1"、"o" 符號，以及遍佈全球的古文明上，感覺到他們對宇宙法則的理解和輝煌智慧、文明。他們有文字，但沒有給無形神起名字而加以頌揚，如三大金字塔中無任何頌揚神的文字。因為　"．"是宇宙所有智慧生物之神，它簡單而深邃，沒有名字，無法崇拜。如果全球各民族，甚至全宇宙智慧人類，都用"．"作為萬能之神，怎麼可能還有真神打假神的宗教戰爭呢?

　　宇宙法則是一種普遍的規律，不是崇拜，也不需要崇拜。地球上的大多數宗教都是一種崇拜，所以容不得別人批評，誰批評他們，就要受到信徒的圍攻和迫害，因為一種無形的鎖鏈控制了信徒的心靈。

四. 崇拜

1. 崇拜的結果

　　崇拜將導致戰爭，導致地球人類的能級降低。如第二次世界大戰，德國人崇拜希特勒，結果導致整個歐洲 4 千萬人傷亡，2 億人無家可歸。

　　日本人崇拜天皇，視其為太陽神的子孫，結果導致亞洲 5 千萬人傷亡，3 億人流離失所。

文革時，中國人也經歷了一場痛苦和動盪的歲月，那"萬歲"口號喊破了天，有多少人喊死目前無法統計。我少年時隨父母到固安縣五.七幹校，親眼看到兩個"5.16"因喊聲太低，被打得上吊自殺，我終身難忘。直到鄧小平時代，中國放棄崇拜，從街上取下毛澤東畫像，指出華國峰搞新的個人崇拜，才有改革開放的成功。

還有一些極端宗教團體或垃圾邪教，千方百計要控制信徒的心靈，胡說教主就是神，能給信徒身上下什麼東西或邪咒、邪物，從古到今都是如此。現代邪教的典型代表就是日本真理教，他們給信徒喝神水，崇拜世界末日，然後就在地鐵站放毒氣，結果導致幾十人死亡，近千人受傷。最近一次是 9.11，將 2700 多無辜生命送入黃泉。

人們由於崇拜而不怕死，而自己還覺得死的其所、死的光榮，如在印尼巴喱島，放汽車炸彈造成百多澳洲人死傷的年輕人，即使在法庭上也是笑容滿面。

實際上，當一個人的智慧能級降到很低時，一股無形的神力會使你迷失自身，你可能會自殺或殺人，又可能會造成災難而自我毀滅。一個人是如此，一個民族是如此，整個人類也是如此。

當第二次世界大戰，日本神風敢死隊架著飛機沖向美國戰艦時，他們心裏一定在高喊："天皇呀，我要為你而獻身"。但無形神卻說："死去吧，小夥子，你的能級已降到與一般動物無異了，二、三十年的壽命對一般動物來說已經夠長了"。

當 9.11 的劫機者架著兩架飛機沖向世界貿易中心時，他們心裏也在大喊："阿拉呀，我要為你而獻身"。但無形神笑著說："真可惜，我的名字不叫'阿拉'，也不叫'上帝'。整個宇宙的人類都在給我起名字，然後拿著這些名字互相殺戮。實際上，你們把整個地球人類的能級撞低了，如果反恐的錢能用來造幾架太空梭，地球人的能級提高的會快點"。

圖 6-5(1)　　　2001 年 9 月 11 日，三架民航飛機被劫持，兩架飛機撞入紐約世貿中心，導致 2700 多人死亡。

2. 崇拜的原因

人們之所以崇拜，是因為這些宗教的教主成了信徒的偶像。他們的言行并不十分完美，知識也不高，但卻讓自己成為信徒無法超越的界限而被捧為神。由於無法提高，加之不同教派的信徒吹捧的不同神使各派開始對立。戰爭，也就是各派的崇拜戰爭，最終死亡的都是信徒。

人們從古到今都延續著這樣的公式，他們把教堂越蓋越大；塑像越砌越高；教主越捧越神，但真正的教義卻越懂越少。崇拜化作對其他教派和世人的仇恨，進而血雨腥風。世界上最貧窮和愚昧的地區，正是崇拜最盛的地區。

科學不是這樣，今天的教授，明天就可能成為學生，學生超過老師在科學界是司空見慣的。只因著名的科學家不是偶像而是臺階，他們的努力和錯誤才導致科學上的進步。

五. 總結

實際上，儘管地球上有許多教派信仰，但總的教義都不離宇宙法則
"．"、"1"、"o"。因此，應在這一框架下合為一體，沒有宗教戰爭，
只有和平。不要試圖將這一法則翻譯成神的名字而加以崇拜，只要用心體
會就能提高。

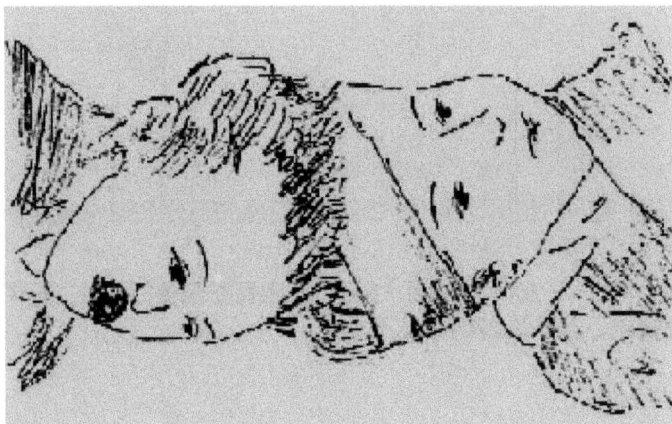

圖 6-5（2）   兩個連頭嬰兒，說明神的設計還不完美

前人的評論：

一切讚頌，全歸真主，全世界的主，至仁至慈的主，報應日的主，我
們只崇拜你。求你佑助，求你引導我們上正路，你所佑助者的路，不是受
譴怒者的路，也不是迷誤者的路。

〖 古蘭經 〗1: 1- 7

－ 穆罕默德 －

第Ⅱ部分　Section two:
自然科學　（ "1" ）
Natural　Sciences

有詩為證：

精子具有線形體，一切進化才得見。
探索未來新世界，眾多男兒敢爭先。
給我一艘太空船，飛出宇宙永不還。

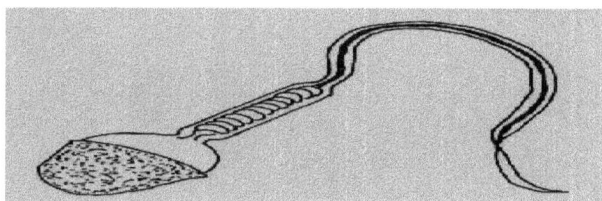

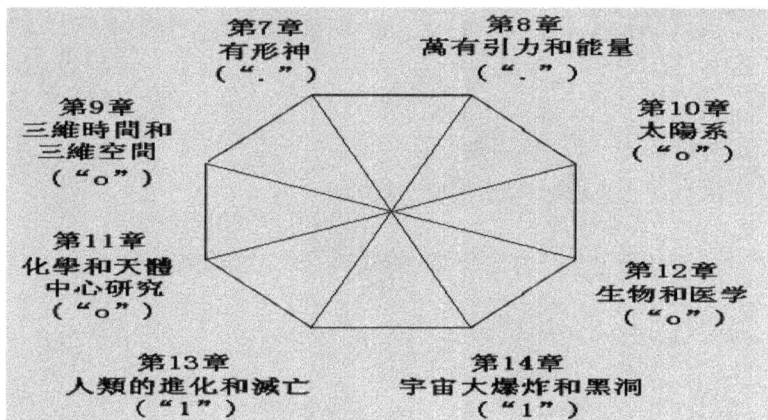

第7章
有形神
（ "." ）

第8章
萬有引力和能量
（ "-" ）

第9章
三維時間和
三維空間
（ "o" ）

第10章
太陽系
（ "o" ）

第11章
化學和天體
中心研究
（ "o" ）

第12章
生物和医学
（ "o" ）

第13章
人類的進化和滅亡
（ "1" ）

第14章
宇宙大爆炸和黑洞
（ "1" ）

第 7 章
Chapter Seven

有形神
Visible Absolute Being

問題和討論

1. 什麼是有形神?

2. 什麼是生命智慧體? 其性質如何?

3. 為什麼生命體的發光和電磁波與生命智慧體有關?

一. 引言

宇宙法則既反映在宗教上，也反映在科學上。在宗教上，最頂點就是神；而在科學上，最頂點就是奇點 ------ 無解。宗教是崇拜 "."，因為感覺上所有的同心 "o" 都圍著一個 "." 在轉；科學是研究 "."，因為科學家在順著一條條 "1" 不斷地向中心 "." 探索。

科學家通常否認神的存在，只因為困惑宗教將一切都推為神創。著名科學家牛頓在發現萬有引力之後，花了下半生的時間研究神，但以目前宗教為基礎研究神一定是一無所獲。神不完全是宗教說的東西（因為他們通常將教主就拜成神），而是宇宙的總規律，也是科學的頂點，越接近頂點就越接近神。

科學家往往喜歡研究有形的物體，在實驗室裏看的到摸的著的東西，而這些東西多數是死物體。當這些死物體都活過來，具有了神性時，他們多數束手無策。

從以下幾個例子來看科學家的迷惑。

二. 生命智慧體的引進

1. 人

人本身就是非常奇妙的，當中國的氣功師經過長期的訓練，就可從體內產生一種所謂的 "氣"，這種 "氣" 再通過意念運到全身各處。有些人可用手發出 "氣" 來給病人治病；也有些人可將 "氣" 聚集在身體某處，并產生很強的抗撞擊能力，其堅硬程度甚至連劍也穿不過。

實驗測試這種 "氣" 包括很多成分，如紅外線、電磁波、超聲波、微量元素等。

圖 7-1　　　氣功師給病人治病，在不接觸病人的情況下，病人能隨著氣功師的手上下移動

2. 深海魚

在地球的海洋中，有許多深海魚可通過自身發光捕捉食物、照明和逃避天敵，如電鰻，……等。

圖 7-2　　　在大洋深處, 這種深海怪魚能發光吸引獵物

我們把人體或生物體能發出能量的現象（如電磁波或光），叫"生物電現象"。實際上，這種電現象的產生，是由生物體內的一種特殊物質造成的，它具有粒子性，可以全身流動，大腦就是儲存它的中心。它也可指揮和控制全身各處細胞，產生能級，釋放紅外電磁波（如氣功師），或產生電壓發出光（如深海魚）。

3. 太陽

太陽，我們每天都看到它，它給我們光和熱。太陽的表面溫度大約5500度左右，到我們地球平均在 20 - 30度，不冷不熱，我們才得以生存。如果太陽將表面溫度提高幾百度或降低幾百度，地球上的生物不是熱死就是凍死。這幾百度甚至上千度對太陽都沒什麼，但對我們就是致命。何以它保持這麼穩定，幾億年都不變一變（當然也有小小的變化），這似乎說明在太陽的中心也有一種特殊的物質，在控制和調節太陽的表面物質進行熱核反應，也控制太陽的表面與內部達到穩定狀態。地球上的生物（包括人）對太陽的生命智慧當然不與理會，因為它們非常享受的接受了太陽的恩賜。但如果有一天，地球上的溫度突然熱的超過了人的承受力，人才似乎醒悟，太陽是否也生病了。

此外，太陽的生命智慧在於它能利用自身的條件發光，儘管發光機制與深海魚根本不同，但發光的效果是一樣的。因為宇宙就象深海一樣，太暗了，太陽要照亮自己，尋找同伴。我們人類在一百年前，才剛剛學會用幾根鎢絲發光，但太陽早在幾十億年前就會用氫氣發光了，我們的智慧怎能比的上太陽這個智慧的天體呢。

而目前，許多科學家都不認為太陽有神性，只是按照氣體球來描述它。直到有一天，一大群科學家和工程師把一個核電站弄爆了，炸死不少人，如蘇聯切爾諾貝利核電站。太陽才說："你們憑什麼說我不是神，看我身上，有這麼多管子、儀錶嗎？你們知道我是怎樣控制自身的核聚變的呢？"無一科學家能解釋。

對蚊子來說，人類就象個只能給它們供血的肉蟲子，越是低等生物，越是自認為天下唯有它獨大。越是傑出的科學家才能真正體會有高於人的神存在，如牛頓就是其中一個。

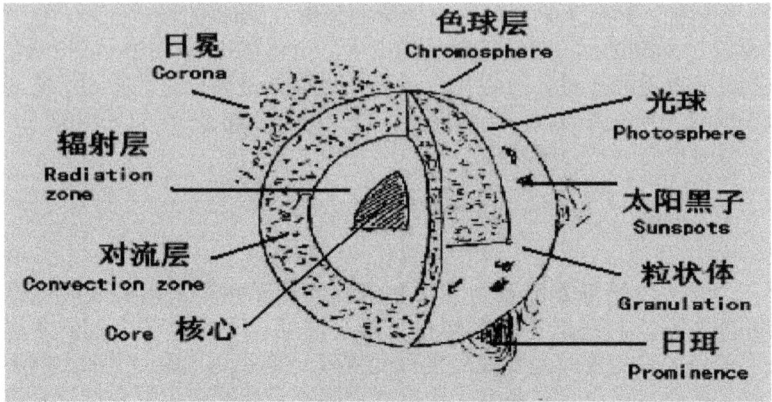

圖 7-3　　　太陽結構

4. 地球

　　地球是我們生活的家園，它產生的電磁場保護所有地球上的生命免受太陽風和高能粒子的傷害。電磁場是地球內部物質流動產生的，我們稱它作"發電機效應"。但是，誰在操控這個發電機，我們就不知道了，我們只是非常享受地接受它的保護。這個發電機也知道不能讓地球象太陽那樣發光，否則地球上的生命會全死光，地球是多麼智慧呀！

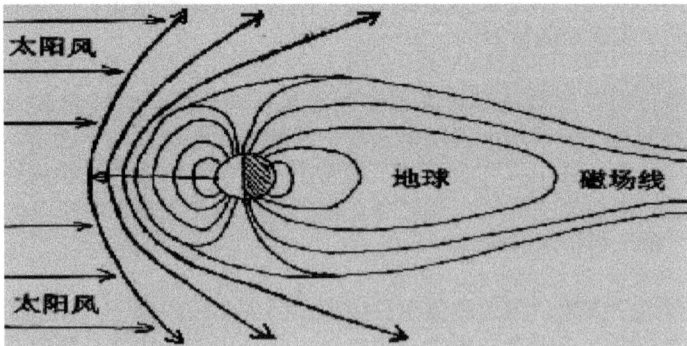

圖 7-4　　　地球磁場

5. 小結

我們只能認為在這些天體或生物體的內部，有一種特殊物質，這種物質也許就是人們從古到今一直在談論的"靈魂"。由於"靈魂"也有能級結構，所以我們稱它是"生命智慧體"。這種所謂的"生命智慧體"，不但控制著我們的身體，也控制著象地球或太陽這樣巨大的天體。

目前，實驗室裏的儀器是不能直接看到生命智慧體的，如果能看到，就說明計算器的智慧可以超過人了，但間接的方法也許是可行的。

三. "生命智慧體"的性質

1. "."性

我們可以感覺到"生命智慧體"的存在，因為它通常依附在生物體或天體的中心"."處，並發出聚合力量。"生命智慧體"通常由生命智慧體量決定，生命智慧體量越多，越智慧，也越神。

2. "1"性

"生命智慧體"懂得利用自身的條件和環境，指揮它的身體進行發光或電磁波，這也是它的"1"性，由於它能象波一樣向外散發能量，並使能量散失，這使生物體或天體有了生命的週期。如果"生命智慧體"離開了它所依附的生物體或天體；或在某種條件下被封閉起來，我們就說這生命體死了。人或動物死了，我們叫它屍體；樹死了，我們叫它木頭；天體死了，我們叫它黑矮星或黑洞。而生命體被封閉起來的假死例子也不少，如千年的種子再發芽。總之，這種以波形式存在或傳播的"生命智慧體"，我們叫它"生命包"。

3. "o"性

"o"性是指"生命智慧體"的粒子性，即它只能在生物體或天體內部自由流動，就象一群粒子。這時我們可以叫它作"生命子"，但它離不開生物體或天體軀體組成的 "o"。

總的來說，"生命智慧體"還與引力、能量、空間和時間有關，下面還要繼續討論。

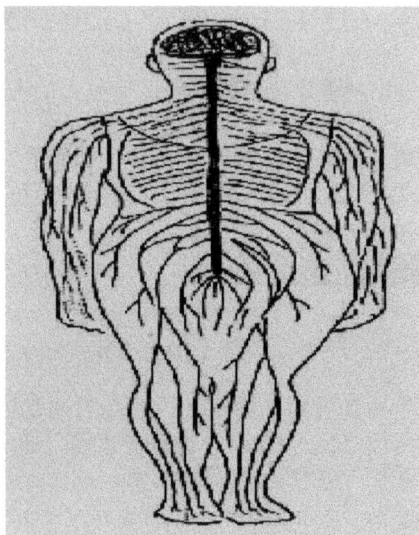

圖 7-5(1)　　　生命智慧體在人腦中，通過神經控制全身

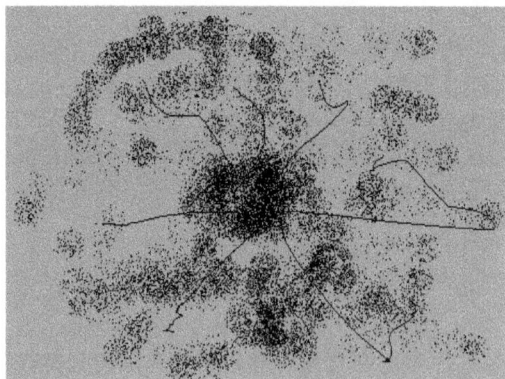

圖 7-5(2)　　　原恒星中心通過磁場控制星雲

前人的評論：

　　人只能認識有限的現象界，只要人的理性企圖超越這一範圍，去把握無限或終極的實在，就會陷入無法解決的矛盾。

　　頭上的星空和內在的道德律，在我心中充滿常新和增益的敬畏，我思考得越經常，便越堅定。

－　康德　－

第 8 章
Chapter Eight

萬有引力和能量
Universal Gravitation and Energy

問題和討論

1. 萬有引力的本質是什麼?

2. 什麼是生命智慧體引力?

3. 為什麼天體內部沒有牛頓引力? 引力塌縮也不是由其引起?

4. 什麼是廣義相對論的簡單描述? 它在什麼情況下將失效?

5. 什麼是生命智慧體公式 ? 它是如何反映宇宙法則的?

一. 引言

上一章談到有形神和生命智慧體，物理學家感到為難了，一方面是堅持無神論，另一方面宇宙似乎是有神的。實際上，這種神就是遵循一種法則，物理學將有待重大突破，首先不是在理論上，而是在科學家的思想。

二. 萬有引力和生命智慧體力

1. 萬有引力

1665年，牛頓導出萬有引力公式和三大運動定律。1921年，愛因斯坦根據狹義和廣義相對論推出引力波存在。

目前，全球的科學家都在尋找這種根據牛頓 – 愛因斯坦理論所推出的引力或引力波，但一直找不到，結論是引力波太弱了。

從牛頓 – 愛因斯坦的理論，引力波成為物質波，即任何物質都有引力或引力波（包括死物體）。但實際上，象白矮星或黑矮星（死星）這樣的星體，沒有象太陽一樣的行星系統，儘管它們同太陽的質量差不多。這意味著星體向外發出的引力波，不是由質量決定。

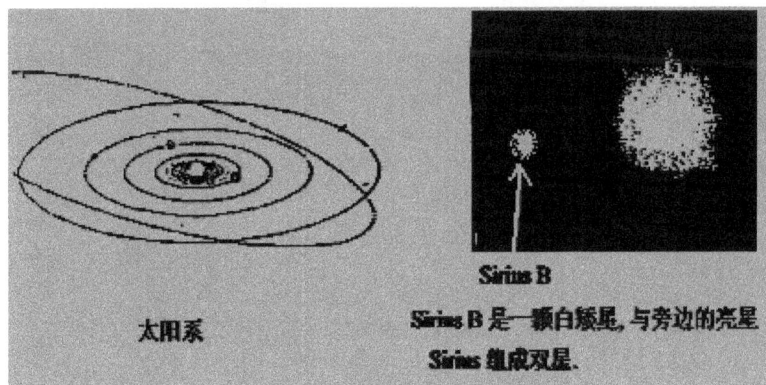

太陽系

Sirius B

Sirius B 是一顆白矮星，与旁边的亮星 Sirius 組成双星。

圖 8-1　　太陽系和白矮星系

2. 生命智慧體力

我們都知道，電子和原子核之間有庫侖力，很象太陽與行星間的牛頓引力，公式也差不多。而原子核內部中子、質子和基本粒子之間是強、弱電相互作用力。既然原子核內部粒子之間不是庫侖力，那為什麼太陽內部就一定是牛頓引力呢？

我們應當認為，太陽內部的牛頓引力會由於密集的物質相互抵消，天體內部的引力塌縮，不是由牛頓引力引起，而是由另外一種力，即"生命智慧體"產生的力引起。

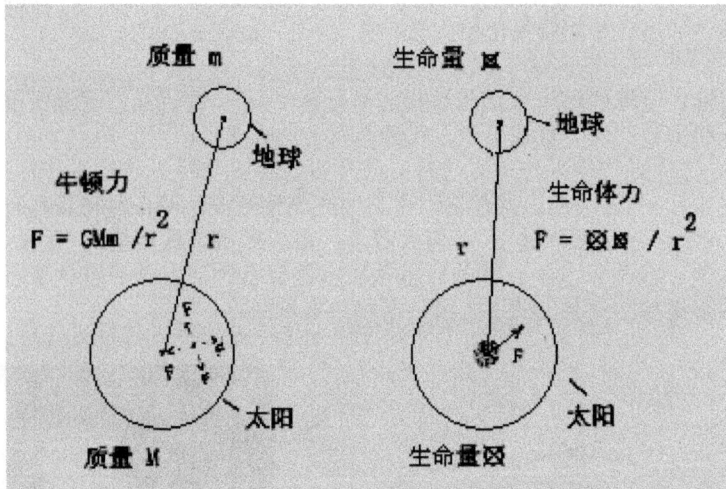

圖 8-2 牛頓萬有引力在天體內部已相互抵消，不能引起引力塌縮。生命智慧體力在天體中心，才能引起引力塌縮

"生命智慧體"力，也可用於解釋一個人用意念移動重物。如果按牛頓引力定律，人的質量根本不足以移動物體，即使是輕如紙毛一樣的東西也不行。

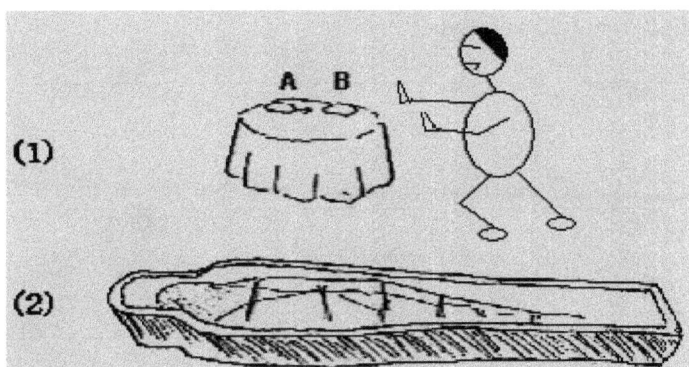

圖 8-3 活人能用意念將盤子從 A 移動到 B, 質量與活人一樣的死人能做什麼?

總而言之, 由於我們無法象研究原子核內部一樣研究太陽中心內部, 所以我們對太陽生命智慧體力的性質還一無所知。

三. 觀測證據

1. 恒星晚年爆炸

"生命智慧體" 理論能解釋, 當恒星晚年, 它的生命智慧引力變的越來越弱, 已經不能保持外部表面的穩定, 所以變成紅巨星, 最後爆炸, 拋出外層氣體殼, 中心留下一個白矮星或中子星。目前物理學是從量子理論解釋這一過程, 即恒星表面的熱核反應, 使輕元素變重元素, 最後中心重元素造成恒星引力塌縮。但問題是既然塌縮了, 何以又保持一個紅巨星, 又為什麼會爆炸, 現代物理學理論就很難解釋了。

2. 太陽的生命週期

"生命智慧體" 理論還能解釋太陽的黑子活動, 太陽的生命週期, 太陽的爆炸是為了擴展空間, 以及增加能級等。

3. 地球的冰河期和地質年代

時代 （ Era ）	周期 （ Period ）	冰河期 （ Ice age time ）
新生代 （ Cenozoic Era ） 65,000,000 年前 – 現在	第四紀 （ Quaternary ）	第四紀早期冰河期
	第三紀 （ Tertiary ）	
中生代 （ Mesozoic Era ） 240,000,000 – 65,000,000 年前	白垩紀 （ Cretaceous ）	
	侏羅紀 （ Jurassic ）	
	三叠纪 （ Triassic ）	
古生代 （ Paleozoic Era ） 600,000,000 – 240,000,000 年前	二叠纪 （ Permian ）	二叠纪和石炭纪 冰河期
	石炭纪 （ Carboniferous ）	
	泥盆纪 （ Devonian ）	
	志留纪 （ Silurian ）	
	奥陶纪 （ Ordovician ）	奥陶纪冰河期
	寒武纪 （ Cambrian ）	
太古代 （ Archaeozoic Era ） 4,550,000,000 – 600,000,000 年前	前寒武纪 （ Precambrian ）	前寒武纪晚期冰河期 前寒武纪中期冰河期 前寒武纪早期冰河期 最早的冰河期

表 8-1　　地質年代和冰河期

地球的冰河期是太陽生命智慧體週期對地球的影響，使地球處於一個冷熱交替狀態。這確定太陽不是一個死氣體球物體，而是一個活星球。它象人一樣有靈，有生命週期，如童年、青年、中年和老年。

地球的地質年代也給出強烈的證據支持地球本身也是活星球，有生命智慧體在它中心進行週期生命活動。

四. 物理學的 ".". "1"、"o"

當前的物理學已經反映了 "."、"1"、"o" 的實、虛兩方面。實 "." 為物質質量；實 "o" 為時間；實 "1" 為空間，時間和空間是一對矛盾。

虛 "." 為生命智慧體；虛 "1" 為引力；虛 "o" 為能量，能量和引力又是一對矛盾。能量是想將 "1" 變成 "o"；引力是想將 "o" 變成 "1"。如水受熱變成水蒸汽直線向上升到高空或高能級，遇冷失去能量凝結成水滴，被迫受力降到地面，這一過程就是 "1" 和 "o" 的循環過程。

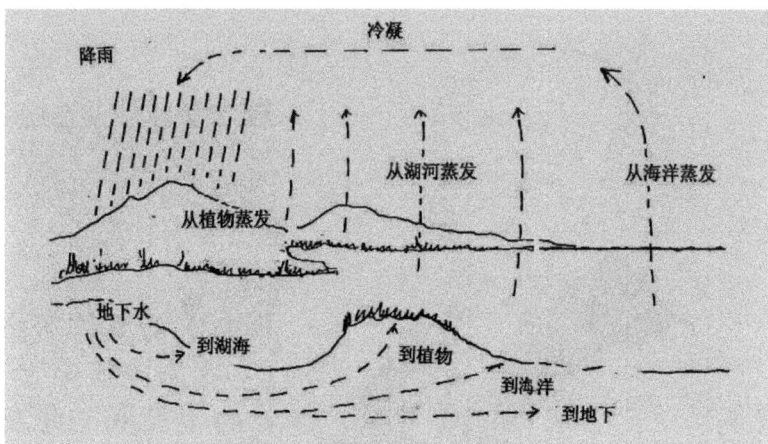

圖 8-4 　　水的循環，水獲得能量變成水汽向上，遇冷失去能量，受力向下

又如超新星爆發，爆炸力將物質直線推向很遠很遠，在遠處某一能級上冷凝，只因沒有了力的推動而無法繼續前進，不得不停在能級"o"上。最終，引力將爆發的物質回縮，然後再返回中心。

五．物理學公式

1. 原子

電子和原子核之間有庫侖力，公式為

$$F = k\,Qq\,/\,r^2$$

F 為質子和電子之間的電磁力強度；Q 和 q 為電荷電量；
r 為它們之間的距離；k 為比例係數。

原子核內部核子之間是強電、弱電相互作用力，這種力的作用距離很短。

圖 8-5　　　　庫侖 C. A. Coulomb（1736-1806）

2. 太陽系

行星與太陽之間有著名牛頓萬有引力，公式為

$$F = GMm / r^2$$

F 為兩個物體間的引力強度；M 和 m 為兩個物體的質量；r 為它們之間的距離；G 是萬有引力常數。

太陽內部沒有牛頓引力，生命智慧引力起作用，生命智慧引力由生命智慧量決定。

圖 8-6　　　牛頓 Isaac Newton（1642-1727）

3. 生命智慧體公式

從直覺上，物理學的基礎就是研究質量、能量、時間和空間的關係。質量呈 "." 性；時間呈 "o" 性；而空間呈 "1" 性，這正反映了宇宙法則。

進一步，生命智慧量與質量的關係是 "." 性關係，表示事物的控制和內在本質；生命智慧量與生命週期的關係是 "o" 性關係，表示事物的層次和能級關係；生命智慧量與所控空間的關係是 "1" 性關係，表示事物的上下承接和伸展關係。

我們假設生命智慧量（取 "ᘒ" 叫 "典"）與能量成正比，與天體質量成正比，與生命週期成正比，與所控空間成正比。

1) **生命智慧能量公式**　　　$E = a\,ᘒ$　　- - - - - (1)

　　E ---- 能量　　　ᘒ ---- 生命智慧量　　a ---- 常數

2) **生命智慧質量公式**　　　$M = a_1\,ᘒ$　　- - - - - (2)

　　M ---- 質量　　　ᘒ ---- 生命智慧量　　a1 ---- 常數

3) **生命智慧空間公式**　　　$L = a_2\,ᘒ$　　- - - - - (3)

　　L ---- 所控空間　　ᘒ ---- 生命智慧量　　a2 ---- 常數

4) **生命智慧週期公式**　　　$T = a_3\,ᘒ$　　- - - - - (4)

　　T ---- 生命週期　　ᘒ ---- 生命智慧量　　a3 ---- 常數

以上公式能得到許多變化，例如（1）和（2）結合得

$E = a/a_1\,M$，與愛因斯坦著名質能關係定律 $E = c^2 M$ 相似，c 是光速。

圖 8-7　　　愛因斯坦 Albert　Einstein（1879-1955）

這些公式的意義在於，生物或天體一定要在生命智慧體的作用下，才能不斷吸收天地之能量而化為質量。愛因斯坦的質能互變定律的中間連結環節是生命智慧體，沒有生命智慧體，這些等式就不成立。例如，一個具有質量的物體，沒有生命智慧體的作用是永不能變成能量的。一個桌子永遠是桌子，它不可能自行成為原子彈；太陽沒有生命智慧體作用，它也永不會發光；原子彈是人的智慧結晶，沒有人的智慧，鈾元素永遠只是天然化合元素，它不能單獨存在或自行裂變和反應。

除了愛因斯坦推出的 $E = (a/a1)M$ 關係式外，還有更多，如 $E = (a/a2)L$；$E = (a/a3)T$；$L = (a2/a3)T$ 等，表示所控空間越大，能量越大；生命週期越長，能量越大；所控空間越大，生命週期越長 ……，是否是今後的研究重点和方向，取決于整体科学家的態度。

4. 生命智慧體引力公式

因為太陽外部的引力也由太陽內部的生命智慧量決定，不是由太陽本身質量"M"決定。所以牛頓萬有引力公式中的物體質量"M"應當改寫為生命智慧量"¤"。所以大物體對遠處小物體的引力為

即 $F = Ω_1 Ω_2 / r^2$ - - - - - - (5)

Ω1 是大物體生命智慧量；Ω2 是小物體生命智慧量；r 是兩個物體的距離；F 是兩個物體間的力

如果將公式（2）代入（5）就得到

$$F = (1/a_1)^2 \, M \, m / r^2$$

這公式類似於牛頓萬有引力公式。

如果天體外部運動的不是行星，而是光子，我們將公式（1）代入（5）就得到

$$F = (1/a.a_1) M E / r^2$$

E 是光子的能量。也就是說，太陽的生命智慧力也能使光子運動軌道彎曲，與愛因斯坦廣義相對論所得結論一樣，但公式極簡單。

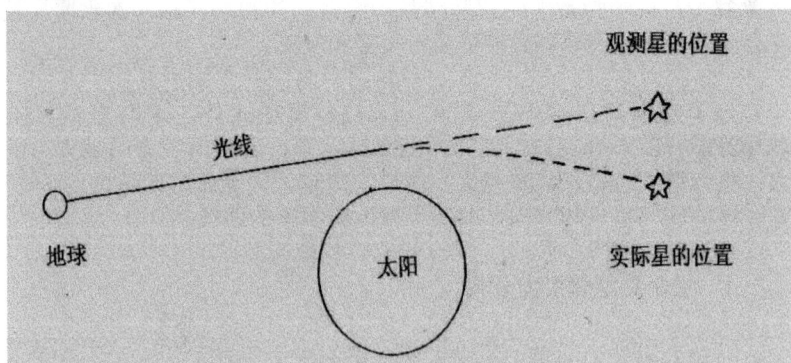

圖 8-8   太陽的生命力使光子運動軌道彎曲

也就是說，太陽將其周圍空間彎曲是由於生命智慧的結果，不是什麼死數學幾何模型。太陽會根據它的年令不斷調節這一彎曲，這將迫使數學幾何模型再加幾個宇宙項，這樣的幾何模型又有什麼意義？如對於不同年令的恒星可能還要加入生命週期項。特別當有一天，科學能夠證明光線在經過白矮星或黑矮星時不彎曲。也就是說，只有在星體是活的或有生命智慧時才使光線彎曲（也許經過月亮也與太陽略有不同），那廣義相對論的適用性和局限性將面臨挑戰，而本章的結論將帶給物理學一個什麼，我們暫時無法預測。

5. 總結

有人問："你說生命智慧量與質量成正比，那大象比人質量大，是否大象比人智慧呢？"我們說："這些公式對應於"．"、"1"、"o"，它們是有條件的，只有符合三者才能比較。如大象比人質量大，但它壽命比人短，所控空間比人小，人能控制整個地球，而大象只能控制一片山林，所以大象和人不能比較智慧。"這樣的例子還有很多。

實際上，事物的本質最為簡單，真理也極為易懂，只有用最簡單的公式闡述最深的道理才是真理。看愛因斯坦質能方程和牛頓萬有引力定律，簡單至極，但它們所代表的哲理，卻是整個物理學的基礎。

總而言之，物理學是對宇宙法則"．"、"1"、"o"的反映。以上公式只是給出了一些假設，不一定是正確結論，其主要目的是尋求宇宙的簡單、和諧和對稱。

前人的評論：

如果我比大多數的人看的遠些，那只是因為我是站在巨人的肩膀上。

真理的大海，讓未發現的一切事物躺臥在我的眼前，任我去探尋。

－ 牛頓 －

第 9 章
Chapter Nine

三維時間和三維空間
Three Dimensional Time and Space

問題和討論

1. 宇宙時空體系是三維空間和一維時間的關係嗎?

2. 二維時間和三維時間是怎樣描述的? 其意義如何?

3. 為什麼野蠻、落後、專制、腐敗、不思進取的民族和政府最先被淘汰?

4. 什麼是空間週期和時間週期?

5. 為什麼不論多少維, 時間維和空間維都要一一對應?

一. 引言

前面講了，時間是"o"，空間是"1"，它們是一對矛盾。既然是一對矛盾，它們就應該同時存在，同時消失。也就是說，三維空間一定對應一個三維的時間，共六維時空，而不是目前的三維空間對應一維時間的四維時空。

二. 三維空間、一維時間的物理時空

現代物理學，包括牛頓和愛因斯坦的全部理論都是建立在三維空間和一維時間上，愛因斯坦將它們統稱為四維時空。愛因斯坦用其狹義相對論和中心質量將使其周圍空間發生彎曲的廣義相對論，對四維時空作了進一步的理論化和幾何化，同時將牛頓的絕對時空推廣到相對時空，將牛頓的萬有引力推廣到引力波方程。只是這種由四維時空推導出的波方程實在太複雜了。

近年來，由於量子理論的發展和統一場論的需要，又引出了多維時空概念，如"超弦理論"。它認為有十維時空，也有認為是二十六維的。但這十維、二十六維怎樣回到我們感覺到的三維空間和一維時間，就無人說的清。又為什麼是十維、二十六維，而不是十五、二十維呢？ 總之，這些停在數學模型上的多少維時空或勉強統一的物理模型都毫無實際意義。

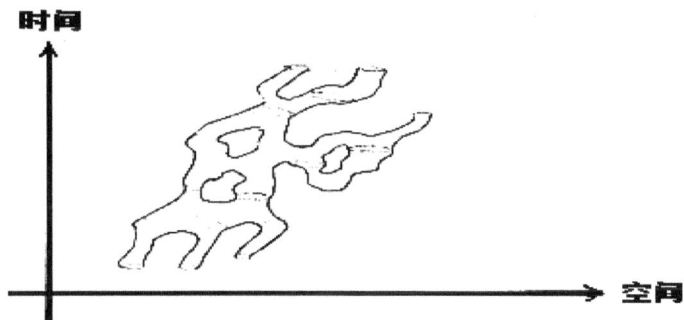

圖 9-1 超弦理論的十維、二十六維時空，到底是什麼樣的時空?

三. 三維時間和三維空間概念

1. 人類

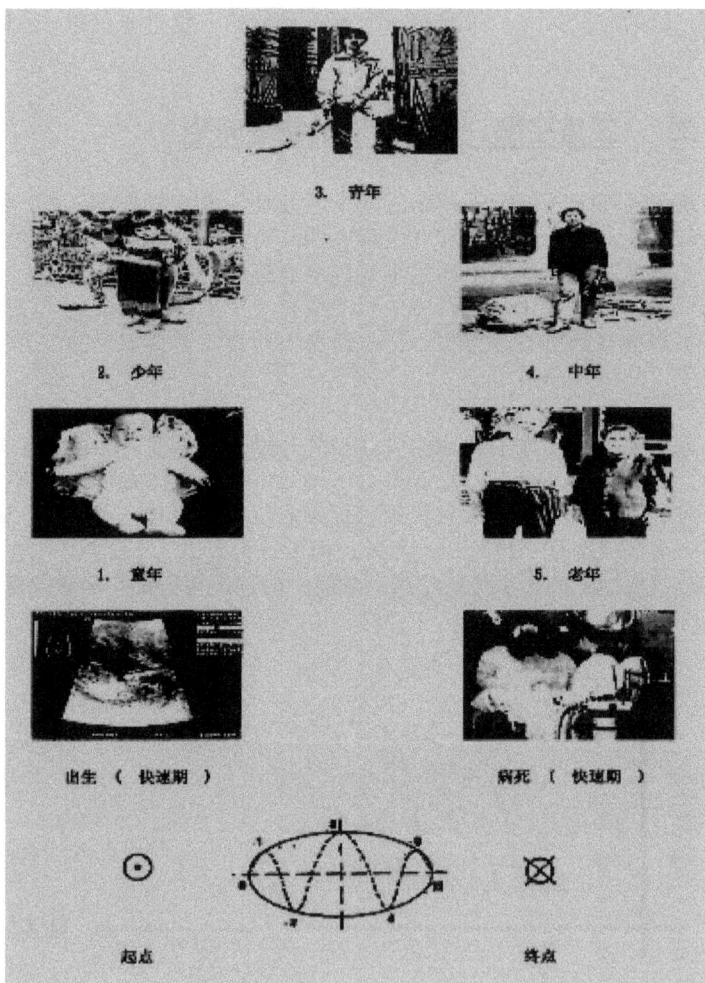

3. 青年

2. 少年

4. 中年

1. 童年

5. 老年

出生 （ 快速期 ）

病死 （ 快速期 ）

起点

终点

圖 9-2　　　人的一維時間

三維時間和三維空間概念是從宇宙法則 ".、"1"、 "o"原理推出的。目前的一維時間大家都知道，但二維和三維時間是個什麼物理概念？怎樣理解它呢？很少有人提及。

我們打個比方，將時間尺度放在地球上，以人為具體的時間研究物件。對於一個地球上的個體人來說，他從生到死為一個週期，比如是100年，他的子子孫孫也是從生到死不斷向下傳，這就是人的一維時間，坐標軸為 x 軸。**圖 9-2**

我們再將時間立體著看，以人類族群為時間研究對象，它也有一個生命週期。我們個體人感覺不到，但歷史和化石證據支持這一存在。如人類的許多不同族群都在地球上存在過，但後來都消亡了。

小民族的存在週期大約只有幾百年，大民族可長達幾萬年。如中國，幾千年前有許多不同民族，但到目前，漢族幾乎同化了大部分民族，北方強盛一時的契丹族都不知什麼時候滅亡的。

最終，地球上只會留下幾個文化最優秀、最文明、最寬容、最善吸收和革新的民族，那些野蠻、落後、專制、腐敗、不思進取的民族將最快消失。

看看當今世界，你就知道哪些族群的文化將消失，哪些族群正在壯大。古老的民族文化悠久，但較傳統和保守，如果不善於吸收和變革，將受到文明的衝擊。

我個人認為，當今世界的兩大文明，一個是以拼音符號文化為代表的西方文明（包括中東地區的阿拉伯文明），另一個是以象形符號文化為代表的東方文明（包括朝鮮和日本這樣的半拼音、半象形國家），正代表著宇宙法則的實與虛。兩大文明將進行文化滲透和交叉，族群的混血，最終全球合而為一成宇宙完整體系而成為一個統一民族，或稱地球族，個體民族將消失。這就是人的二維時間，坐標軸為 y 軸。見 **圖 9-3**

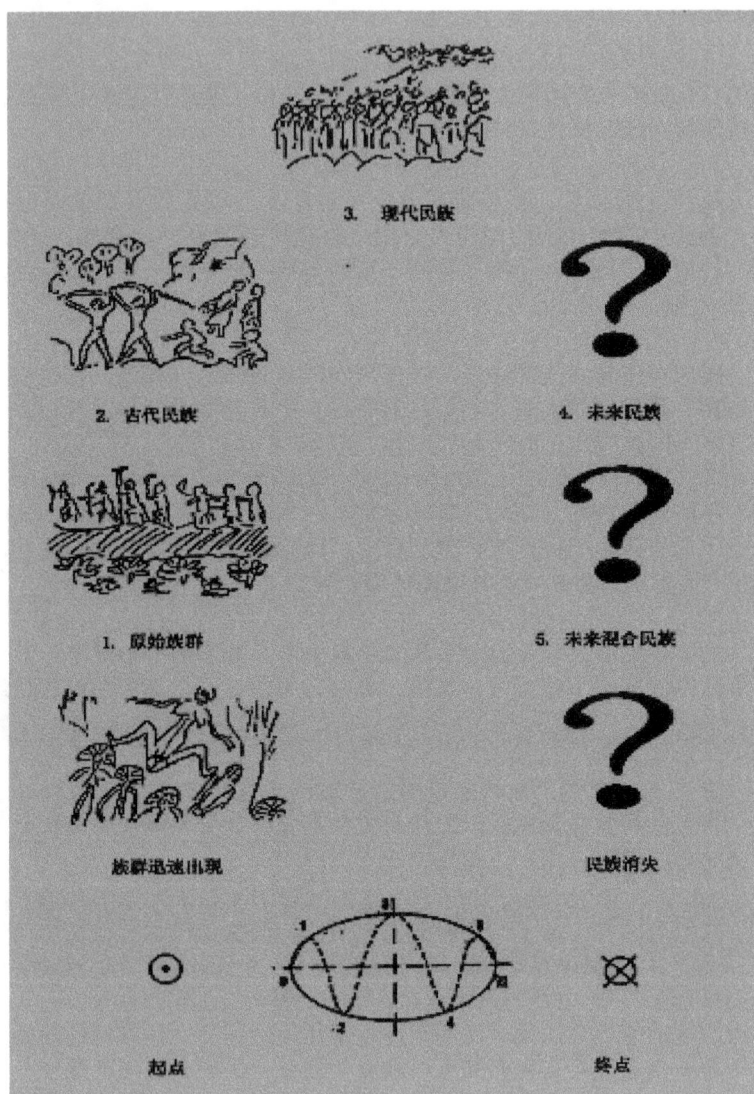

圖 9-3　　　人類族群的二維時間

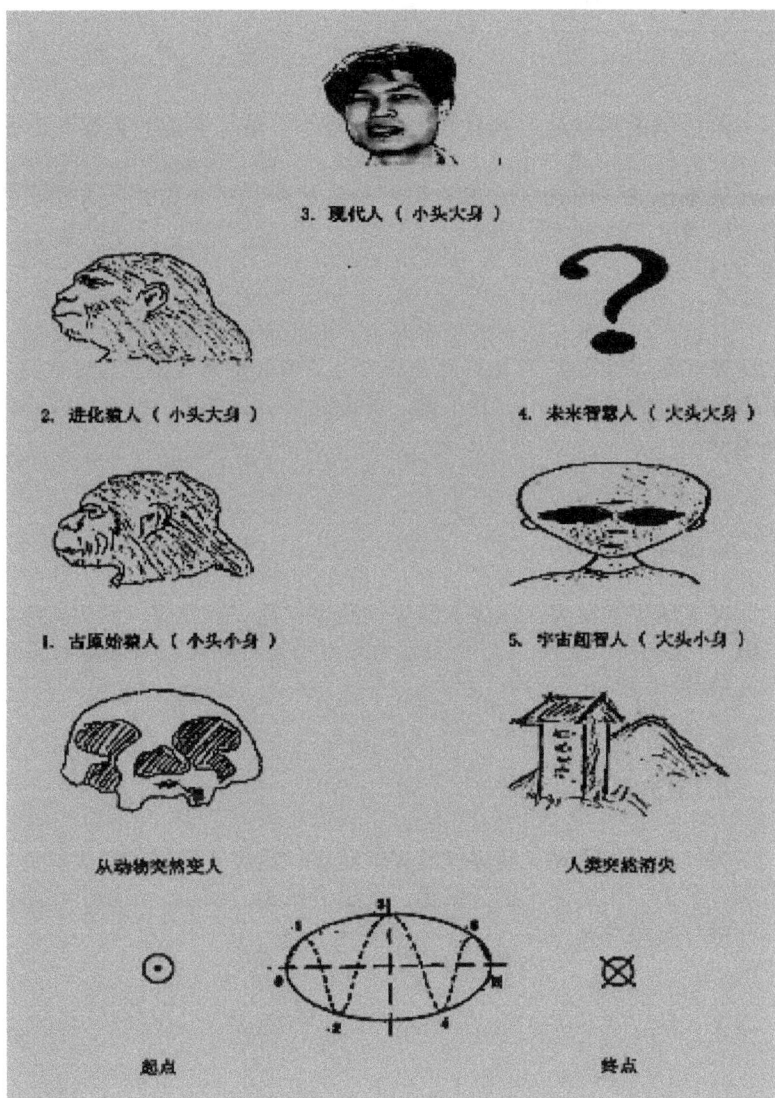

3. 現代人 (小头大身)

2. 进化猿人 (小头大身)

4. 未来智慧人 (大头大身)

1. 古原始猿人 (小头小身)

5. 宇宙超智人 (大头小身)

从动物突然变人

人类突然绝消失

起点

终点

圖 9-4　　　人類的三維時間

而整個人類從產生到滅亡為一大週期。最早發現的人類化石是在非洲，大約在100多萬年前。人類的身體比例，最早是頭顱小、身體小的原始人；逐漸頭大、身體大成爆炸型；最終人類將是頭顱大、身體小的收縮型，如同宇宙週期過程的縮影。這就是人的三維時間，坐標軸為 z 軸。見圖 9-4

　　當然，我們還可以拿恐龍作例子，恐龍的個體週期是一維時間，一個品種類群是二維時間（ 如飛龍或頸龍 ），整個恐龍群體是三維時間。目前整個恐龍群體全死絕，一個不剩，連蛋都來不及孵化，就是由三維時間週期造成。

2. 地球

　　從地球生物來說，一個個體生物的生死是一維時間，一個品種類群是二維（ 如狗類，貓類 ），而整個地球生物是三維（ 從單細胞的珊瑚蟲開始大約6億年前 ）。

3. 銀河系

　　我們也可把時間尺度座標放在銀河系。銀河系的基本組成是恒星，如太陽，它的一生時間大約50億年，從星雲核到白矮星、黑矮星，這是太陽的一維時間座標 x 軸。

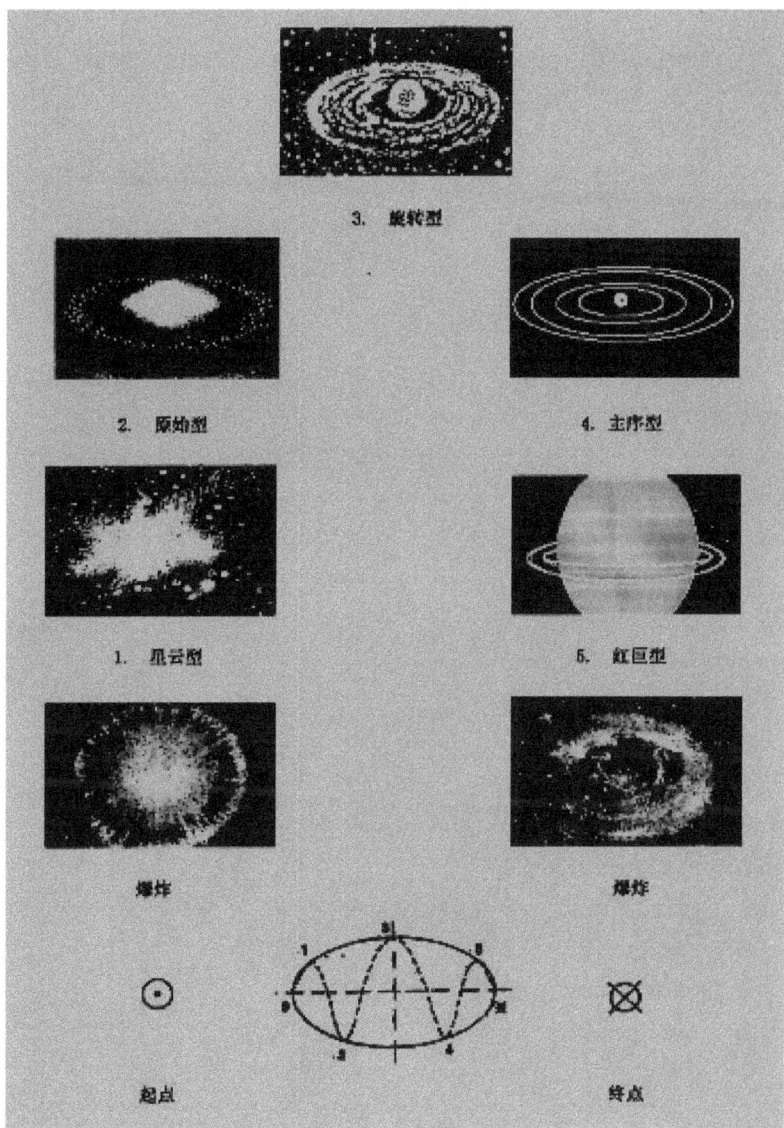

3. 旋转型

2. 原始型

4. 主序型

1. 尘云型

5. 红巨型

爆炸

爆炸

起点

终点

圖 9-5　　　太陽的一維時間

而整個恒星群，不管是大質量還是小質量，這一週期時間為恒星的二維時間週期，坐標軸為 y 軸。

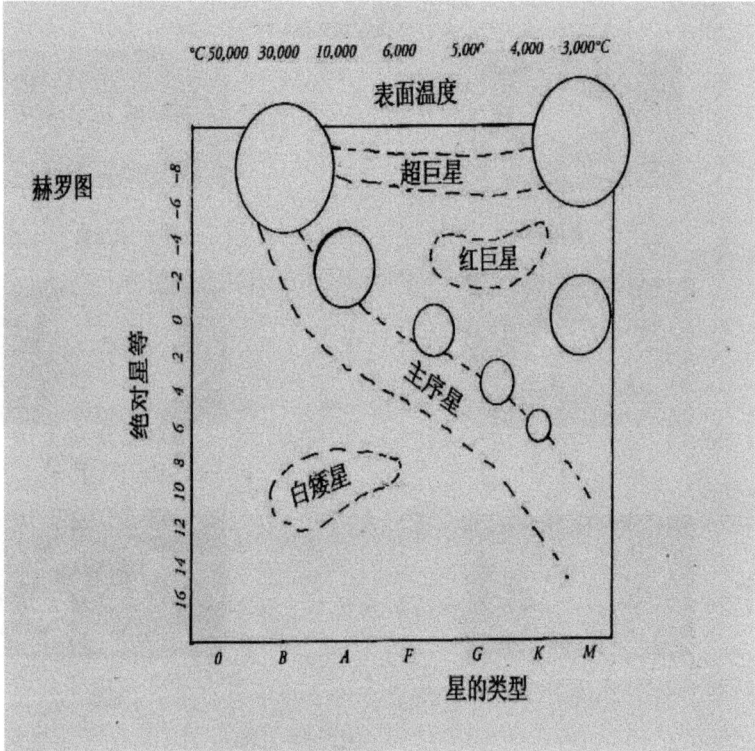

圖 9-6　　　　　　　恒星群的二維時間

而整個銀河系，從生到死是一個大週期，為三維時間週期，坐標軸為 z 軸。

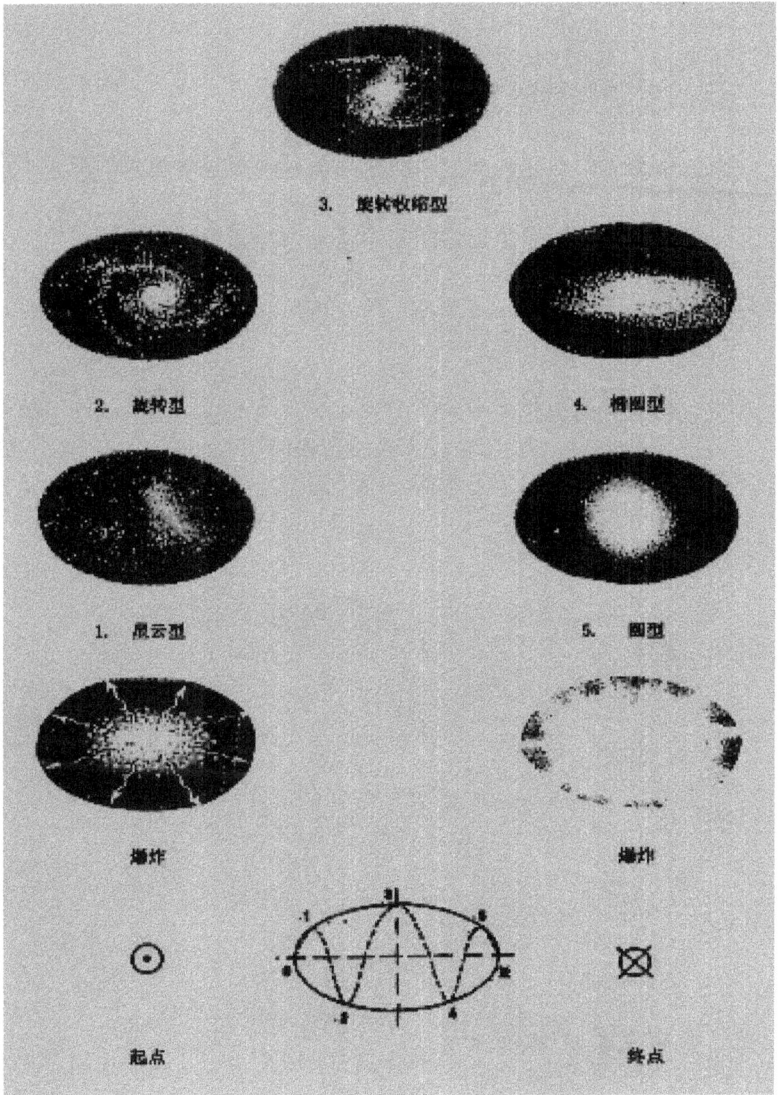

圖 9-7　　　銀河系的三維時間

當然，我們也可把時間尺度座標放在宇宙中心。

四. 空間週期單位和時間週期單位

拿地球來說，空間尺度以一公里為單位，三個空間維都是以公里為單位，這種等單位的向外沿伸叫"空間週期單位"。時間也是一樣，只不過是以一個時間週期為單位，三個時間維都以等週期的週期單位向外沿伸，叫"時間週期單位"。拿人來說，x 軸的一個週期為 100 年，y 軸的一個週期可能是1萬年，而 z 軸一個週期至少要 100 萬年，雖然都只是一個週期，但每個軸的時間相差很遠。

當我們研究的對象是一個單人週期時間 Tx 時，我們不要考慮人類種群的週期時間 Ty，或整個地球人類的週期時間 Tz。忽略了兩個相當久遠的時間，也就是我們通常感到的一維時間、三維空間。進一步，當我們研究的對象是人類種群的週期時間 Ty 時，也可忽略一個較短的時間 Tx 和較長的時間 Tz。

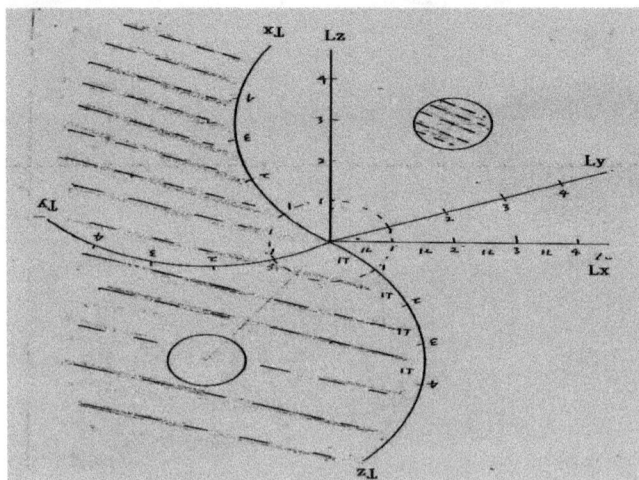

圖 9-8　　　時空的六維結構，時間是圓，也是陰。空間是綫，也是陽

108

同樣，對銀河系來說，也是由於週期時間 x 軸、y 軸、z 軸各自的時間跨度相當大，研究一維時間週期，另外兩個都可忽略。所以，通常我們的感覺為一維時間。

五. 總結

　　總而言之，一維時間和三維空間的時空體系是不對稱的，也不符合".".、"1"、"o"法則，它們也許只是感覺上的時空，而實際的宇宙時空是三維時間和三維空間的六維時空。但如果有人能算出空間是十維，或從一到一百、一千、一萬的任何維，那時間也要一一與之相對應，否則不符合宇宙法則。

　　六維物理時空和生命智慧體的波粒兩相性是從更普遍的宇宙法則下體會到的，應當對統一物理場論有些意義，而以四維時空為基礎的物理學將需要全面改進。

前人的評論：

想像力比知識更重要，知識是有限的，想像力卻環繞著整個世界。

最不能理解的事情就是宇宙是可理解的。

－　愛因斯坦　－

第 10 章
Chapter Ten

太陽系
The Solar System

問題和討論

1. 什麼是菲波納奇數列和艾略特波浪理論?

2. 為什麼說菲波納奇數列是一個與圓有關的數列?

3. 波得定則和菲波納奇數列規則對太陽系行星、衛星距離排布的解釋有什麼不同? 其意義如何?

4. 什麼是物質-空間和能量-時間的對應關係?

5. 太陽生命智慧體幅射波, 人類生命智慧幅射波以及熱幅射有什麼相似性?

一. 引言

太陽系的行星和衛星的空間排布一定也充分表現了宇宙法則 ".."、"1"、"o" 的性質。

二. 與圓有關的數列

1. 菲波納奇數列

義大利 13 世紀數學家 ------ 里昂納多·菲波納奇（Fibonacci, Leonardo）在他的著名 "計算的書"（Liber Abaci）中，給出了一組數列，這組數列是 1、2、3、5、8、13、21、34、55、89、144 .... 等，以至無窮，後來這組數列就叫菲波納奇數列。

菲波納奇數列的特點是：
1) 任意兩個相鄰數字之和，等於兩者之後的那個數字。
  如：2 加 3 等於 5；3 加 5 等於 8；5 加 8 等於 13；....... 依此類推。
2) 任意一個數字與相鄰的前一個數字的比值趨向於 1.618。
  如：13/8=1.625；21/13=1.615；34/21=1.619 .... 。
1.618 和 0.618 這兩個比值就是黃金分割律，在許多應用領域有重要作用。

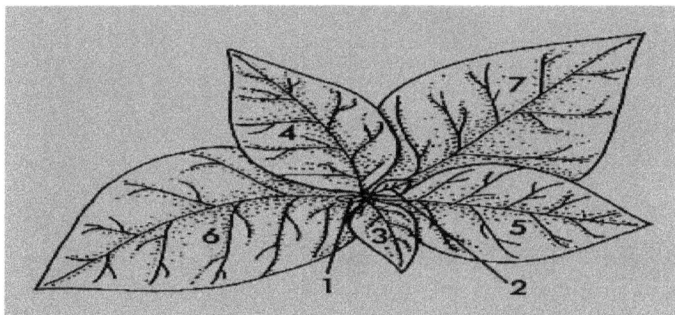

圖 10-1　　**植物的葉子也是按菲波納奇數列長的，呈 2/5　葉序**（圖自 Encyclopedia Americana）

2. 圓周率

我們知道，圓周長除以直徑約等於 3.14，這就是圓周率，但除以 2 倍的直徑就約等於 1.57，這個數非常接近黃金分割律 1.618。進一步說，一個圓周期除以一個綫週期接近一個常數，從這點看，菲波納奇數列是一個與圓有關的數列。

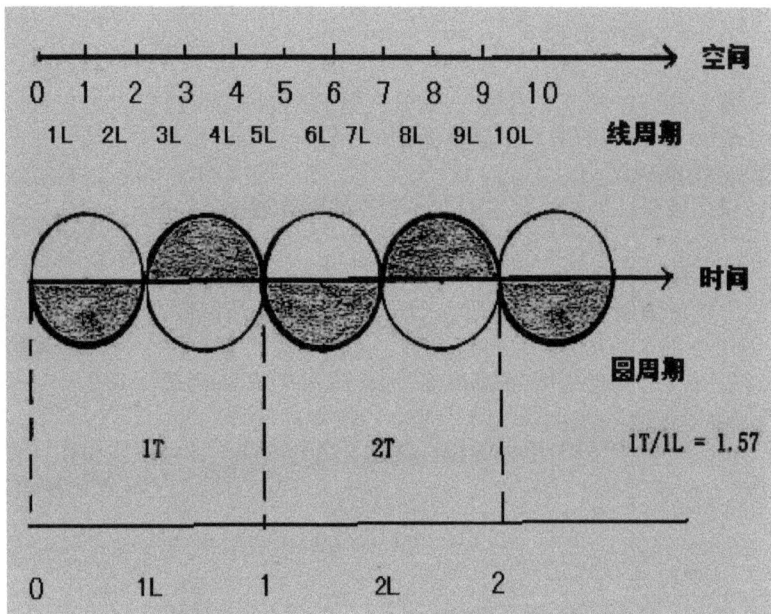

圖 10-2　　綫週期和圓周期

三. 能量與時間------市場價格指數

1. 市場價格指數和菲波納奇數列

菲波納奇數列後來被用來分析股票市場價格或價格指數的變化，如黃金、白銀、石油 ...... 等。因為這些價格指數是用錢支持，所以錢是市場能量。由錢支持的市場能量隨時間有一個週期，按菲波納奇數列，每 1、2、3、5、8、13、21、34、55、...... 天、星期、月或年循環一周。著名的康得拉蒂耶夫（Kondratieff）大循環是 54 年。此外，除了日、星期、月、年有這樣的循環外，連秒、分鐘、小時也按菲波納奇數列規則進行循環。

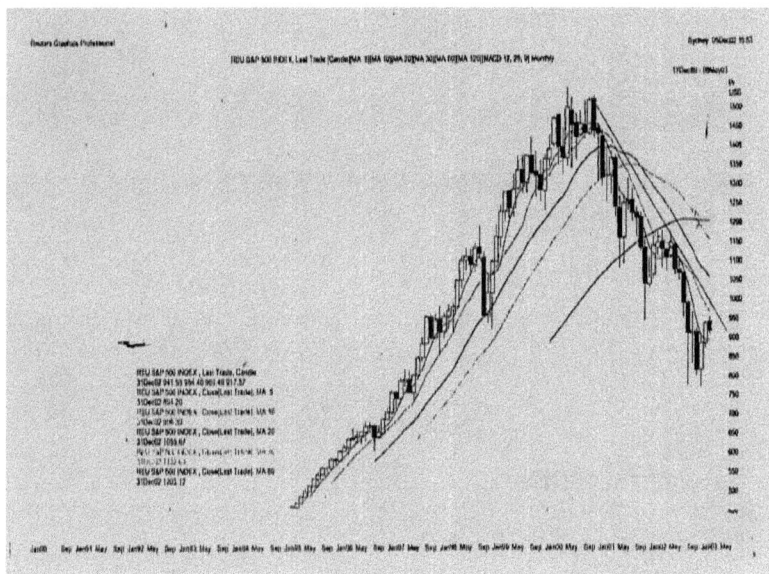

圖 10-3   美國 S&P 500 指數 （ L Quay future 提供 ）

2. 艾略特波浪理論

艾略特波浪理論由艾略特（R. N. Elliott）在 1934 年發現，主要用於研究股市的行為。它有三個重要方面--- 形態、比例和時間。他認為，一個完整的週期有 8 個浪，5 上 3 下。

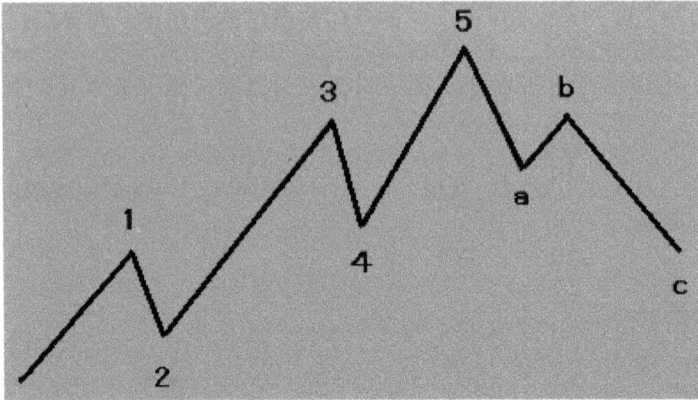

**圖 10-4　　一個完整的波浪形態，五升三跌共八個波浪。波浪時間
長短不會改變波浪形態和方向**

股票市場價格是由人來操控的，所以市場的行為是人類智慧行為的表
現。因此，可以推測生命智慧波是按菲波納奇數列週期規則運動的，表現
為艾略特波浪。

四. 物質與空間 − − − 太陽系

1. 太陽系行星與太陽的距離

太陽是生命智慧的，它的生命智慧體發出的能量波，決定了它周圍空
間物質密度，也決定了行星的形成。通常講，能量波波前處的物質密度最
大，而形成行星。因此行星與太陽的距離是一個最重要的關鍵。

1766 年，普魯士科學家提丟斯（ J. D. Titius ）提出了一個太陽與
行星間的距離定則，這定則是以天文單位為基礎，在一組數列 0、3、6、
12、24、48、96、192、384 ‥‥‥‥ 上，加 4 除 10 就得到行星與太陽的
距離。這個定則後來被科學家波得（ J. E. Bode ）證實，對太陽與行星
間的距離符合很好，并由此發現了小行星帶和天王星。但到如今，一直沒

114

發現這定則有什麼物理意義。但不管怎樣說，太陽與行星間的距離能用公式表示就意味著有重大意義，只不過目前物理學無法解釋罷了。

前面我們知道，菲波納奇數列與圓周率有關，也與人類的智慧週期有關。而太陽是一個智慧體，當然行星與太陽的距離也應該符合菲波納奇數列。我試了一下，發現它真的符合很好（注：行星與太陽的距離與菲波納奇數列有關，早就有人提出，但都是從數學和物理方面考慮，本書的方法是從太陽生命智慧體方面考慮）。只不過行星與太陽的距離是空間；而股市市場是時間。太陽系的行星是物質組成，是質量；而股市是錢組成，是能量。

菲波納奇數列的 1 最為重要，一但它確定，後面只是順乘 2、3、5、8、13、21、34 .... 而已。因此，水星到太陽的距離最為重要，定為 1，是太陽系菲波納奇數列基本單位。第一個行星的衛星到行星的距離也重要，是行星系菲波納奇數列基本單位。為了更精確，將這個"1"略略作了一點調整。

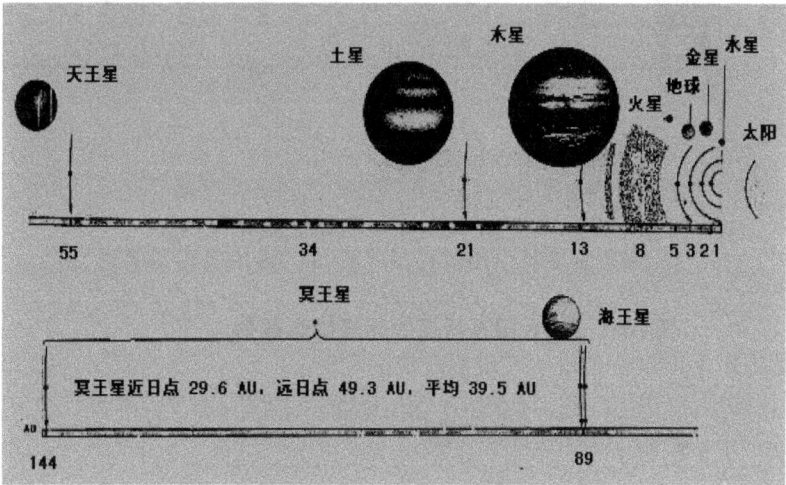

圖 10-5　　太陽系行星與太陽的距離符合菲波納奇數列

行星	Planet	行星到太阳的平均距离 10^6 km	天文单位 (Au)	波得定则 (Au)	菲数 F/N	菲数距离 F/N (Au)	菲数 F/N₁	菲数距离 F/N₁ (Au)
水星	Mercury	57.91	0.39	0.4	1	0.36		
金星	Venus	108.20	0.72	0.7	2	0.72		
地球	Earth	149.60	1	1	3	1.08		
火星	Mars	227.94	1.52	1.6	5	1.8		
小行星带	Asteroid	456.00	~ 2.9	2.8	8	2.88	1	2.6
木星	Jupiter	778.33	5.20	5.2	13	4.68	2	5.2
土星	Saturn	1,426.98	9.54	10	21	7.56	3	7.8
					34	12.24	5	13
天王星	Uranus	2,870.99	19.19	19.6	55	19.80	8	20.8
海王星	Neptune	4,497.07	30.10	38.4	89	32.04	13	33.8
冥王星	Pluto	5,913.52	39.50		144	51.84	21	54.6

注: 1) F/N 為菲波納奇數列。
  2) 1天文單位 （ AU ） 等於 149.6 百萬公里。
  3) 在（ F/N ）34 處少了行星或小行星帶。
  4) 最近冥王星已不算行星，51.84 Au 處發現為柯伊伯帶。

表 10-1 太陽系行星的菲波納奇數列

2. 行星與它們衛星的距離

　　同理，行星的衛星到行星的距離也應符合菲波納奇數列，如木星和土星；天王星和海王星。

116

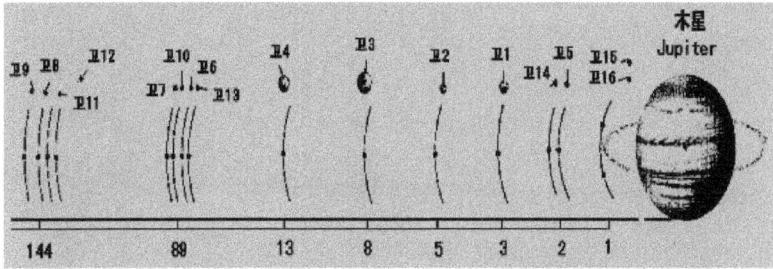

圖 10-6   木星的衛星到行星的距離符合菲波納奇數列

木星的卫星	卫星到行星的距离 10^3 km	菲数 F/N	菲数距离 F/N 10^3 km	菲数 F/N₁	菲数距离 F/N₁ 10^3 km
木星光环　　Ring	128.00				
木卫16　　Metis	127.96	1	128		
木卫15　Adrastea	128.98				
木卫5　Amalthea	181.30	2	256		
木卫14　　Thebe	221.90				
木卫1　　Io	421.60	3	384		
木卫2　Europa	670.90	5	640		
木卫3　Ganymede	1,070.00	8	1,024		
木卫4　Callisto	1,883.00	13	1,664		
木卫13　　Leda	11,094.00				
木卫6　Himalia	11,480.00	89	11,392	1	11,400
木卫10　Lysithea	11,720.00				
木卫7　　Elara	11,737.00				
木卫12　Ananke	21,200.00				
木卫11　Carme	22,600.00	144	18,432	2	22,800
木卫8　Pasiphae	23,500.00				
木卫9　Sinope	23,700.00				

表 10-2   木星衛星的菲波納奇數列

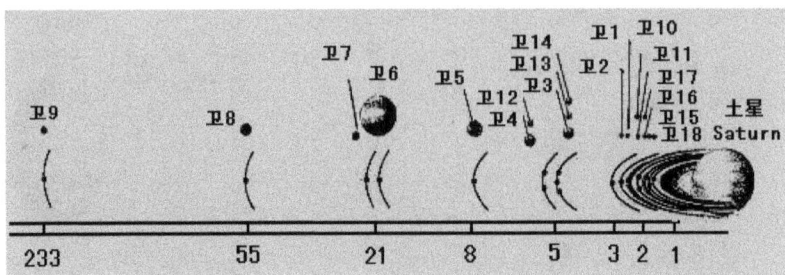

圖 10-7　土星的衛星到行星的距離符合菲波納奇數列

土星的卫星		卫星到行星的距离 10³ km	菲数 F/N	菲数距离 F/N 10³ km	菲数 F/Nᵢ	菲数距离 F/Nᵢ 10³ km
土星光环	Ring D	67.00	1	66		
	C	74.50				
土卫18	Pan	133.58				
土卫15	Atlas	137.64				
土卫16	Prometheus	139.35				
土卫17	Pandora	141.70	2	132		
土卫11	Epimetheus	151.42				
土卫10	Janus	151.47	.			
土卫1	Mimas	185.52	3	198		
土卫2	Enceladus	238.02				
土卫3	Tethys	294.66				
土卫13	Telesto	294.66				
土卫14	Calypso	294.66	5	330		
土卫4	Dione	377.40				
土卫12	Helena	377.40				
土卫5	Rhea	527.04	8	528		
土卫6	Titan	1,221.85	21	1,386	1	1,300
土卫7	Hyperion	1,481.10				
土卫8	Iapetus	3,561.30	55	3,630	3	3,900
土卫9	Phoebe	12,952.00	233	15,378	13	16,900

表 10-3　　土星衛星的菲波納奇數列

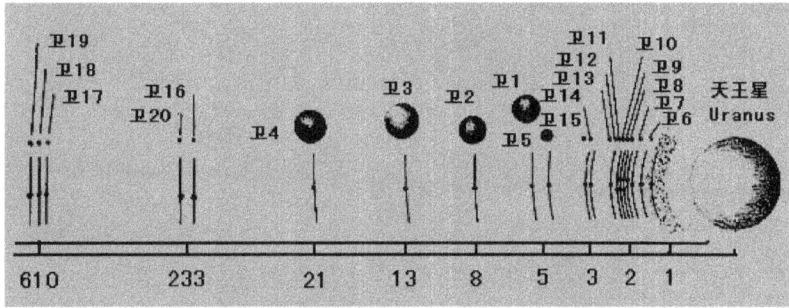

圖 10-8　天王星的衛星到行星的距離符合菲波納奇數列

天王星的卫星		卫星到行星的 距离 10^3 km	菲数 F/N	菲数距离 F/N 10^3 km	菲数 F/N₁	菲数距离 F/N₁ 10^3 km
天王星光环	Ring	38.0	1	28		
天卫 6	Cordelia	49.8				
天卫 7	Ophelia	53.8				
天卫 8	Bianca	59.2				
天卫 9	Cressida	61.8	2	56		
天卫 10	Desdemona	62.7				
天卫 11	Juliet	64.4				
天卫 12	Portia	66.1				
天卫 13	Rosalind	69.9				
天卫 14	Belinda	75.3	3	84		
天卫 15	Puck	86				
天卫 5	Miranda	130	5	140		
天卫 1	Ariel	191				
天卫 2	Umbriel	266	8	224		
天卫 3	Titania	436	13	364		
天卫 4	Oberon	583	21	588		
天卫 16	Caliban	7,200	233	6524	1	7,500
	Stephano	7,900				
天卫 17	Sycorax	12,200				
	Prospero	16,700	610	17,080	2	15,000
	Setebos	17,800				

表 10-4　　天王星衛星的菲波納奇數列

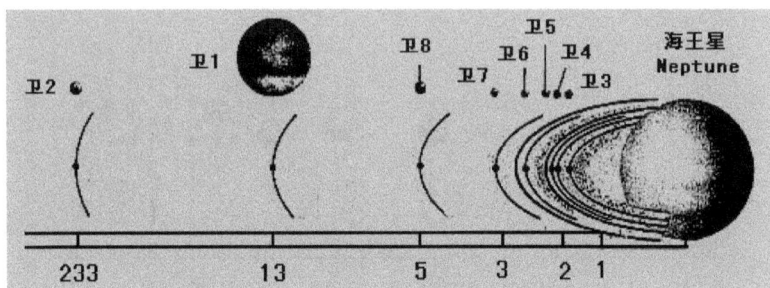

圖 10-9　海王星的衛星到行星的距離符合菲波納奇數列

海王星的卫星		卫星到行星的距离 10^3 km	菲數 F/N	菲數距离 F/N 10^3 km	菲數 F/N₁	菲數距离 F/N₁ 10^3 km
海王星光环	Ring	40.00	1	25		
海卫3	Naiad	48.2				
海卫4	Thalassa	50.1	2	50		
海卫5	Despina	52.5				
海卫6	Galatea	62.0	3	75		
海卫7	Larissa	73.6				
海卫8	Proteus	117.7	5	125	1	117
海卫1	Triton	354.8	13	325	3	351
海卫2	Nereid	5,513.4	233	5,825	55	6,435

表 10-5　海王星衛星的菲波納奇數列

　　木衛 16 與木星環在同一軌道上，它們到木星的距離，是木星系菲數列基本單位。土星、天王星、海王星系的菲數列基本單位也是行星的內環到行星中心的距離。

　　注意，從土星、天王星、海王星的衛星排列看，在 F/N233 處都有一顆衛星，但木星、太陽沒有，是否有沒發現的衛星呢？如果木星有，其位置大約離木星 29824×10^3 km，如果太陽有，其位置大約離太陽 83．88 天文單位。天王星的外邊界在 F/N 610 處，那太陽系的外邊界估計在 219.6 天文單位處。

五. 太陽系"空間-物質質量" 與股市"時間-市場能量"

如果用座標表示，將太陽系的行星質量用 y 軸表示，空間距離用 x 軸；股市市場能量指數用 y 軸表示，週期時間用 x 軸，兩者圖形比較相當接近。

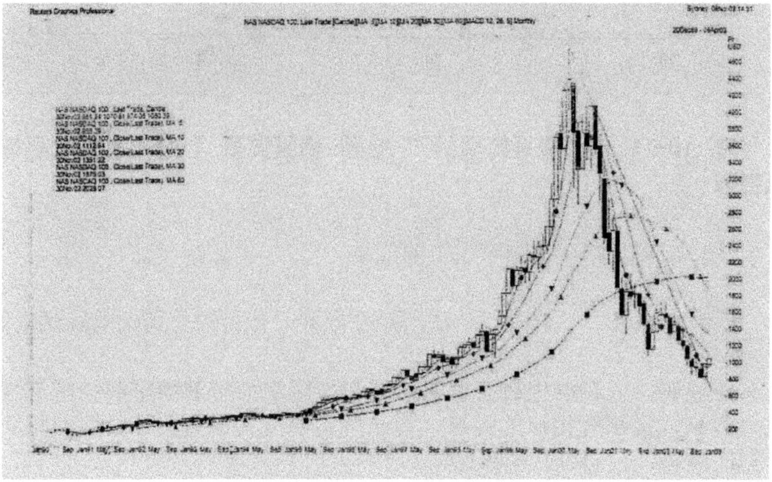

圖 10-10　　市場指數對應於 "時間-市場能量"，也是人類群智慧幅射綫

注：從第八章，上圖顯示時間能量（"o"）的量子性

E = a/a3 T ， 它是以一個生命週期和一個生命週期為階段跳躍的，中間斷裂代表上一個生命週期結束和死亡。

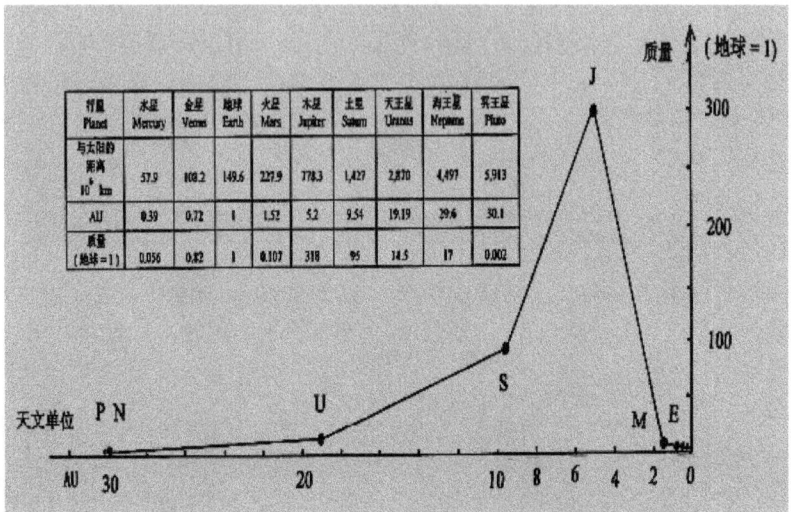

行星 Planet	水星 Mercury	金星 Venus	地球 Earth	火星 Mars	木星 Jupiter	土星 Saturn	天王星 Uranus	海王星 Neptune	冥王星 Pluto
与太阳的距离 10^3 km	57.9	108.2	149.6	227.9	778.3	1,427	2,870	4,497	5,913
AU	0.39	0.72	1	1.52	5.2	9.54	19.19	29.6	30.1
质量 (地球=1)	0.056	0.82	1	0.107	318	95	14.5	17	0.002

圖 10-11　　太陽系行星的＂空間-物質質量＂綫，也是太陽智慧體幅射線

注：從第八章，上圖顯示空間能量（＂1＂）的量子性

$E = a/a2\ L$ ，它是以一個所控空間和一個所控空間為階段跳躍的。

這說明，人類群生命智慧幅射綫和太陽生命智慧體幅射綫既符合菲波納奇數列，又都有相似的圖形。進一步證明能量與質量、空間與時間有一一對應關係，它們可互相轉化。

另外，人類生命智慧和太陽生命智慧的幅射綫圖形與熱能輻射綫圖形形狀也相當接近，這說明生命智慧體的幅射與熱輻射有很大關係。進一步說明太陽通常帶有大量的熱量，氣功師的手上可發出紅外綫熱幅射等。

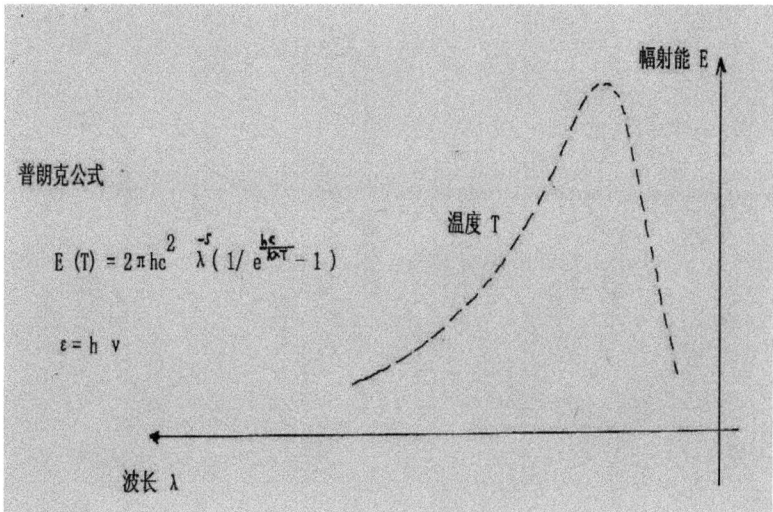

普朗克公式

$$E(T) = 2\pi hc^2 \lambda^{-5} (1/e^{\frac{hc}{kT}} - 1)$$

$$\varepsilon = h\nu$$

圖 10-12   熱能幅射綫與生命智慧體幅射綫的相似性

注：從第八章，上圖顯示本體能量（"."）的量子性

$E = a/a1\ M = mc^2 = h\nu$，它是以一個頻率和一個頻率為階段跳躍的。

順便提一下，德國物理學家普朗克在研究黑體輻射和吸收理論中，於 1900 年 10 月提出普朗克輻射公式，就是描述 **圖 10-12** 中那種曲線的一種直覺公式，後來又提出 $E = h\nu$（光子能量正比於它的頻率）一種帶有量子效應的公式。這本是一個重大發現，但只是公式太簡單了，比小學生的加減乘除都簡單，所以立即遭到當時大牌科學家的拒絕。一直等到 13 年後（即 1913 年），丹麥物理學家波爾（Bohr, Niels）成功地用 $E = h\nu$ 算出光譜譜綫的位置，這公式才引起重視，而且竟成了當今量子物理學的基礎。比較公式 $E = a/a1\ M = mc^2 = h\nu$（質能量子性）與 $E = a/a2\ L$（空能量子性）和 $E = a/a3\ T$（時能量子性），其深層意義是一樣的，都對應宇宙法則 "."、"1"、"o" 性。

普朗克常数

$E = h\upsilon$

E 为量子能量
h 为普朗克常数
υ 为频率

圖 10-13　　普朗克 Planck, Max （ 1858 － 1947 ）

前人的評論：

假使有一種科學能夠使人心靈高舉，脫離世界的污穢，這種科學一定就是天文學。

－　哥白尼　－

第 11 章
Chapter Eleven

化學和天體內部
The Chemistry & Celestial body

問題和討論

1. 為什麼從原子核內部到原子內部都呈 "."、"1"、"o"性?

2. 為什麼我們說最基本粒子就是由運動的小 "."、小 "1" 和小 "o" 組成。

3. 什麼是宇宙法則式元素週期表?

4. 為什麼任何個體天體的內部都呈固、液、氣三態?

5. 為什麼任何群體天體系統，近中心為偏固態星球，中間為偏液態星球，邊遠為偏氣態星球?

一. 引言

一切物質的基本單元是由簡單的化學元素組成，所以從小到原子、分子，大到生物和天體，都是化學的研究範圍。本章從基本的化學元素入手，進而討論天體系統的中心結構，為大統一理論奠定基礎。

二. 化學

化學的起源可從幾十萬年前的人類用火開始。當時古人用火燒樹木變成碳，碳再燒石頭就會從石頭中流出一些金屬液體，如金、銀、銅、鐵、錫等。古人把這些遇熱變液體，遇冷又還原成固體的堅硬物質統統叫"金"。在東方，中國古人把物質世界當成是金、木、水、火、土五大元素組成；在西方，古希臘人認為物質是由土、空氣、火和水四大元素組成。後來由於日常生活、生產和戰爭的需要，古人又發展了冶煉技術，如青銅器；古人迷信長生，又發展了煉丹術，這些活動大大地提高了對化學的認識。

到近代，英國科學家波意耳（ Royle, Robert 1627 - 1691 ）首先突破哲學家亞里士多德舊思想的制約，將化學元素重新定義，提出"微粒說"。他認為，物質世界應當由比土、空氣、火和水更小的顆粒組成，如金屬煅燒加重就是由金屬微粒和火微粒的結合造成的。

到 17 和 18 世紀，許多醫學家和生理學家也參與了化學的研究，如德國醫生施塔爾（ Georg Ernst Stahl ）提出了 "燃素說"。他認為，一切化學變化和性質，以及顏色、形態的改變都歸物質釋放的燃素。隨著化學知識的不斷積累， 新元素的不斷出現，法國化學家拉瓦錫（ Lavoisier, A.L. 1743 - 1794 ）在 1789 年作出了第一張元素週期表，共有 23 個元素。他把元素分為簡單物質、金屬物質、非金屬物質和成鹽土質四大類。之後，英國科學家道爾頓（ Dalton, John 1766 - 1844 ）在 1803 至 1806 的數年間，不斷改進和充實原子量表並提出了原子論。到 1869 年，俄國化學家門捷列夫（ Mendeleyev, D.I. 1834 - 1907 ）對元素的化學性質、原子量、原子價和當量又作了進一步的分析和歸納，最後終於提出了完整的化學元素週期律。此週期表的完成，標誌著化學從簡單的實驗上升到規律，它不但能預測元素的存在和位置，還能預測元素的週期性質、物理和化學性質。到此，化學專業已呈現對宇宙法則的完美理解。

進入 20 世紀，由於量子物理學和核子物理的發展，人們對物質的組成和化學性質、現象又有了更深的瞭解。

這裏，我們將對化學的基礎和本質作進一步的探討和歸納，不是從實驗上，而是從宇宙法則推演的邏輯和哲學上。我們首先將化學分三個部分，第一部分為本體部分（“.”），主要研究化學元素的本體性質；第二部分為化合變化部分（“1”），主要研究化學反應和化合的過程；第三部分為合成部分（“o”），主要研究生成物的分子結構、性質和化學平衡等。

1. 元素本體（“.”）

按近代理論，任何物質都是由分子組成，分子又由原子組成，原子是由中心一個小原子核，周圍圍繞著高速旋轉的電子組成。從總體形態上看，原子核是“.”；核外電子的層次排布為“o”；電子的能級躍遷為“1”，原子形態象太陽系，呈“.”、“1”、“o”結構。進一步，電子在原子核外的層次分佈和數量不同構成了不同的化學元素。

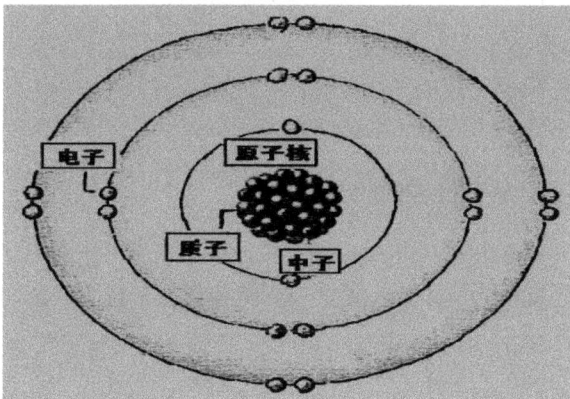

圖 11-1　　　原子結構

127

對原子核來說，它由質子和中子組成，質子和中子也可分成更小的粒子 ----- 誇克，如質子是由兩個帶 2/3 正電荷的上誇克和一個帶 -1/3 負電荷的下誇克組成；中子由一個上誇克和兩個下誇克組成。分的越小，觀察所需要的能量和加速器就越大。按目前核理論的研究，拋開複雜的數學公式，原子核不管怎樣分也是 "."、"1"、"o" 的層次結構。

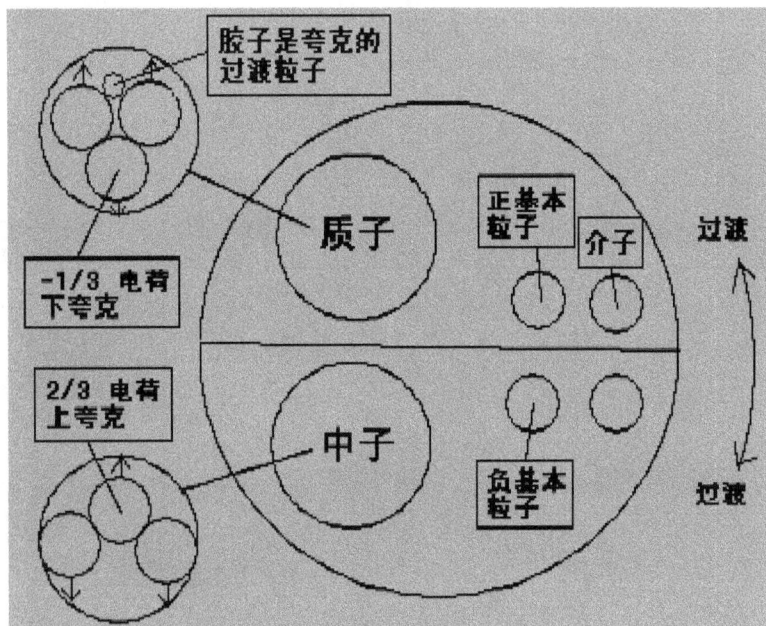

圖 11-2   原子核內部的結構

原子核中心為 "空"，象人腦中心，將各種粒子拉到一起，這是場相互作用。

超弦理論是 20 世紀 60 年代發展出的理論，用於描述強相互作用。理論認為任何粒子是在一根弦上的波動，而本書認為任何物質都表現為

128

".""、"1"、"o"特性，不論大到天體，還是小到粒子。粒子可看成一個運動的小"."，叫點弦；也可看成是一個運動的小"1"，叫開弦；或運動的小 "o"，叫閉弦。它們有時表現為能量，有時又是質量。也許有一天，我們會高興地看到，弦學專家會硬性將複雜式合併成簡單式，最後就剩下代表"."、"1"、"o"的單項了，叫回歸公理，接著就宣佈物理學大統一了。

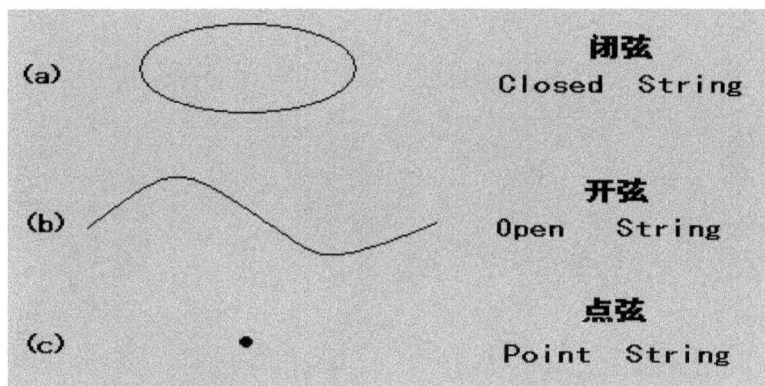

(a)   閉弦
       Closed String

(b)   开弦
       Open String

(c)   点弦
       Point String

圖 11-3   點弦，開弦和閉弦

化學元素隨原子核內質子和核外電子的數量不同而有所改變，中子的不同就是同位素。目前人們認為，元素是由最基本的氫開始，當氫的核子數量增加變重後，俘獲的電子也增多而形成新重元素。但到如今，最基本的元素氫是怎樣形成的還不十分清楚。

化學元素是化學的基礎，也是原子、分子化合的基礎，並在此層次上反映宇宙自然法則。從原子層次上看，電子繞原子核似乎是有序的，它們的個數是可數的（按量子物理是出現在某位置的機會大小），即為粒子性。如有 1、2、3、4、5、6、……個電子繞原子核轉，因而才有化學元素呈自然序數增加。這種自然數的變化，使元素有了數學基礎，同時帶來菲波納奇數列 ------- 這個與圓有關的數列。菲波納奇數列是 1，

129

2，3，5，8，13，21，34，……， 包括奇數和偶數。由於電子只取偶數
對，所以只有外層是 2，8，34，……， 才呈穩定結構。因為外層電子多
變得不穩定，所以只取 2 和 8。

原子核外電子的另外一個性質是波性，這就是元素週期表的本質。為
了使週期表更直觀地反映宇宙法則的形態和原理，本書也做了一個週期
表，希望給後人一個啟示和新的思考，從另一個途徑來認識自然法則。

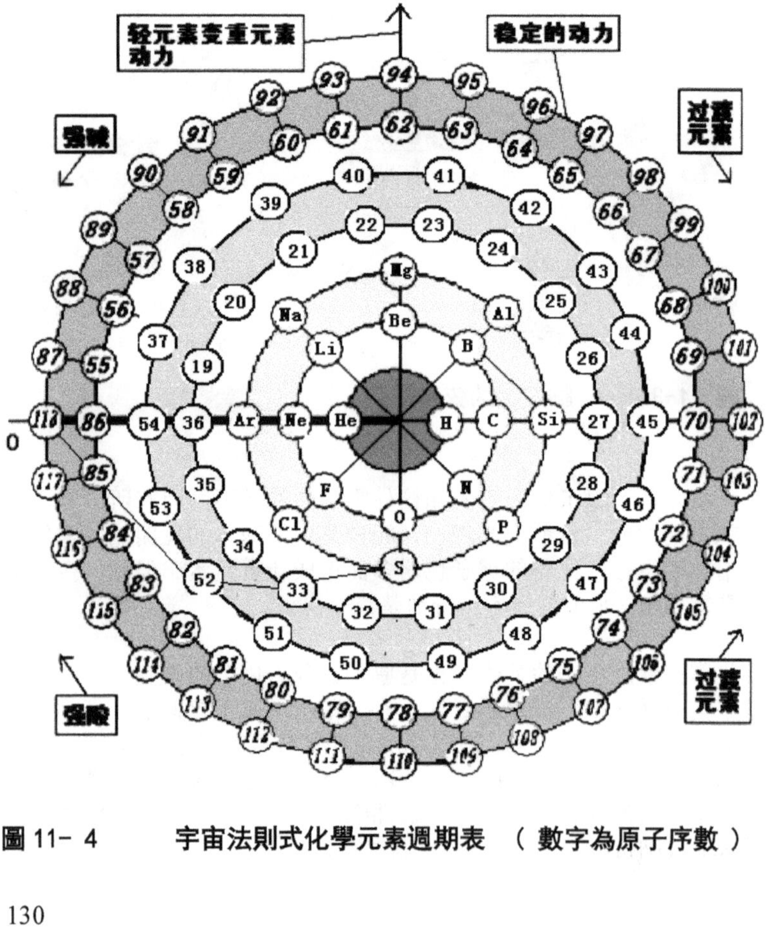

圖 11- 4　　　　宇宙法則式化學元素週期表　（ 數字為原子序數 ）

此週期表的特點是：

1) 118 種元素按原子序數排列成圓波狀， 呈 “.”、 “1”、 “o” 層次結構。中心 “.” 為原子核； “1” 為能量波從裏向外、從稀向密不斷伸展； “o” 為週邊電子能級分佈，分別為 K、L、M、N、O、P、Q 層，形態象擴大的水滴。

2) 零族元素是原子序數 2，10，18，36，54，86，118，它們為起點，也是終點，將層次系統封閉，從而形成穩定原子。

3) 元素從中心核向外共分四個層次（ 未發現有第五層元素 ），第一層為 K 層，只容 2 個電子，各占 180° 轉動空間（ 以平面為基礎 ）；第二層為 L 和 M 層，只容 8 個電子，各占 22.5° 轉動扇面空間；第三層為 N 和 O 層，可容 18 個電子，各占 11.25 扇面空間；第四層為 P 和 Q 層，可容 32 個電子，各占 5.625° 扇面空間。越向外，轉動扇面空間越小，電子越容易離開。電子的層次排列公式為 $2n^2$（ n = 1,2,3, ….. ）它們總先排布在能量最低電子殼層上，表示中心核對它的控制力度。

4) 從零族向上按順時針方向轉，為正族，呈鹼性；從零族向下逆時針方向轉，為負族，呈酸性。越靠近零族元素酸鹼性越強，但似乎有個酸螺旋在元素平面空間上，有如銀河系的旋渦結構。

5) 將鑭系和錒系元素展開使全部元素成一個整體，過渡元素從上 向下過渡，充分表現原子層次上的元素變化特徵。

此週期表概括了現行元素週期表的全部性質，而且還展示了現週期表未表現的性質。它層層相扣，門門相通，體現了大自然的美妙絕倫，宇宙法則的精確完美。看那冬天的飛雪，不斷變換的形態結構，這不就是一個化學元素週期表嗎？

圖 11-5　　　冬天的雪花

2. 化學變化過程（"1"）

從物質層次上看，物質有三種變化形態。第一種是位置變化，即運動，稱為"1"變化；第二種是形態變化，如固體、氣體、液體三者相互轉換，稱"o"變化；第三種是化學變化，表示物質本體發生化學變化，生成不同的物質，稱為"."變化。

從原子、分子層次上看，化學反應過程是一個從一種物質轉換成另外一種物質的過程。

化學反應過程通常是用化學反應方程式來表示，這方程式主要是以元素守恆、電荷守恆和質量守恆定律為基礎的。而這三個守恆定律又是個"."、"1"、"o"法則。如

1) 元素守恆：表示反應前後元素的種類不變，本體性質不變，即"."守恆。

2) 電荷守恆：表示反應前後某原子得到的電子總數與另一原子失去的電子總數相等，即電子能級躍遷和回縮總數守恆，即為"1"守恆。

3) 質量守恆：表示反應前後各物質的總質能不變，即物質量總和守恆，即為"o"守恆。

　　從化學反應類型上看也主要有三種，如合成反應（"."）、分解反應（"1"）和聚合反應（"o"）；從物理方面看化學，又將化學反應分成三種反應類型，如吸能反應（"."），放能反應（"1"）和無熱無能量變化反應（"o"），都不過是"."、"1"、"o"規則的不同名子。

　　注意，通常只有熵增加才會有化學反應，熵是熱力學上的一個與無序狀態有關的物理量，也與社會科學的正向發展相對應。而化學元素在高層（電子眾多）的不穩定，又與社會人口超過一定的控制範圍而變的不穩定相對應，這是後話。

3.　化學合成物（"o"）

　　在原子、分子層次上，幾種化學元素物質在一定壓力、溫度和催化劑的影響下，就會相互進行反應，生成新的化學物質而達到穩定和平衡。通常是反應時間短，穩定時間長。

　　化學的反應通常有個臨界點，當壓力、溫度超過臨界點時，化學物質就會立即反應；不超過這個臨界點，反應會很慢或根本不反應，臨界點就是"1"突破"o"的關鍵點。對應於知識突破和社會體制變革也是如此，超過臨界點，知識大突破、社會大變革。通常突破和動盪的時間短，鞏固和穩定的時間長，這些都是宇宙法則的原理。

　　對分子層次來說，反應後的生成物，其內部原子間結構也按宇宙法則形成穩定鍵，如"."式鍵、"1"式鍵和"o"式鍵。

　　1)　"."式結合鍵：意味著化學元素本體的結合，由兩、三個簡單化學元素直接組成，如共價鍵、電價鍵、離子鍵等化學鍵。象鈉和氯原子都不是穩定原子，但當它們結合在一起就形成穩定分子 NaCl，其化學鍵就是"."式結合鍵。

2)　　"1"式結合鍵：通常是由幾十個或幾百個原子結合成長鏈式的鍵，如鏈烴類。碳原子常擔當鏈綱的角色，其化學鍵就是"1"式結合鍵，如糖類、蛋白質、脂肪等。生物常常結成這種鍵式，易結易斷。

3)　　"o"結合鍵：由多個碳原子首尾相接結成環狀，如環烴類，其化學鍵就是"o"結合鍵，如橡膠、染料、合成纖維等工業用品。

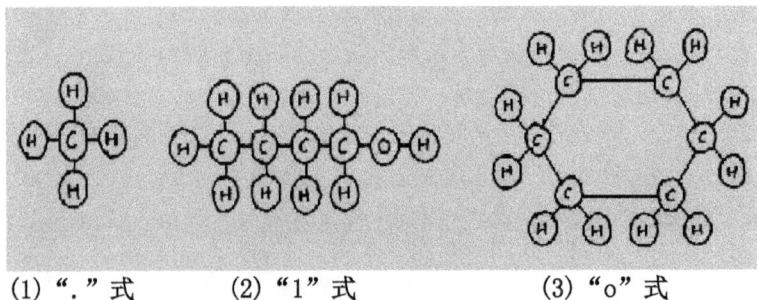

(1) "．"式　　　　(2) "1"式　　　　　(3) "o"式

圖 11-6　　化合鍵的 "．"、"1"、"o"式

一般來說，無機物多採取"．"式鍵，有機物多採取"1"式和"o"式鍵，這正說明"．"的擴大就是"1"和"o"，所以有機物是從無機物發展而來的。

三.　天體內部的研究

人類對天體內部的認識還遠遠沒有完成，主要原因是我們的科學儀器還很難達到天體內部的深層。比如我們研究最多的是太陽系中的地球，它就在我們的腳下，但對地球最深的直接鑽探不過十幾公里，那裏又軟又熱，剛剛打開的洞馬上就會合上。因此，對更深層的探測，就只有通過地震波、聲波和超聲波了。

對地球之外的其他行星內部探索，目前還只限於表層的石頭。對於太陽內部結構的研究，就只是通過對其表面的觀測，如黑子、耀斑和光譜了。至於更遙遠的天體，如其它恒星、銀河系中心或宇宙中心等，我們只能借助光學望遠鏡、射電望遠鏡、x 射線或遠紅外望遠鏡從各個波段觀察它們的外表皮毛，對它們的內部結構，任何儀器都感到無助，什麼理論都顯得膚淺，任何飛船又無法到達。

但有一個，就是人的心靈，從任何普通人的大腦深處發出的生命智慧電波，可穿越時間和空間，遠達銀河系、宇宙中心或外宇宙，也可穿透地球中心和恒星中心。當人類的生命智慧電波與天體生命智慧波合諧共振時，就譜寫了對天體的過去、現在和未來的頌歌。

天體的形成與其化學元素的豐度緊密相連，輕元素在高溫和高壓的作用下，粒子間會互相轟擊和碰撞，結果俘獲更多質子、中子和電子而形成重元素，進而各種化學元素原子相互化合形成複雜分子。

目前的研究表明，在自然條件下，隨著向天體中心的不斷深入，溫度和壓力將越來越大，因而形成不同層次的溫度和壓力層，同時也形成不同豐度的化學元素層，這就是地殼、地幔和地核的層次，如地核是鐵鎳合金。對於不同的天體，如衛星、行星、恒星、星系中心 ……等 ，由於質量不同，其內部也形成不同層次的溫度和壓力層，因而造成不同化學元素的豐度，從而決定了天體的形成演化、內部結構和不同類型的天體。

當然，天體的質量和化學組成方面也有一定關係，如穩定的化學結構，就形成強大的生命智慧能，進而對天體吸收物質有幫助。當天體從外部吸收的物質越來越多時，其中心內部的壓力和溫度也越來越高，這就是第 8 章的公式 $E = a/a1\ M$。強大的聚合力量使本身原子核、原子、分子等層次之間的粒子磨擦碰撞更加劇烈，當達到一個臨界點時，整個天體開始燃燒起來，形成熱核反應。對太陽系的眾天體來說，只有太陽達到了這個臨界溫度和壓力點。這個臨界點取決於化學元素在天體內部各層次的原始豐度（ 輕元素比重元素容易 ），每個恒星的發光臨界點都不同，而行星、衛星的內部溫度和壓力都遠未達到這個臨界點。

注意，對化學元素來說，原子序數越大，核外電子越多，當原子序數大到一個臨界點時，再大反而不穩定，而成為放射性元素，其原理同天體的臨界熱核反應是一樣的。

因此，元素（"."）、溫度（"1"）和壓力（"o"）構成的宇宙法則是天體進行熱核反應的三大要素，元素（"."）有臨界點（放射性元素）；溫度（"1"）有臨界點；壓力（"o"）也有臨界點，它們可不斷變化，此消彼長。

從物質的物理性質來看，宇宙間的任何天體，其物質形態都表現為固、氣、液三態，這三態也是"."、"1"、"o"形態。

"."態，表示一種由外向內的聚合狀態，呈固態。
"1"態，表示一種從內向外的散發狀態，呈氣態。
"o"態，表示一種層次橫向流動狀態，呈液態。

如地球，中心核為固；地幔為液；地表以上為氣。進一步，所有衛星、行星、恒星、星系中心⋯⋯的內部結構都是如此，只是有的星球偏固（"."），有的偏氣（"1"），有的偏液（"o"），它們互相交叉變換達到穩定平衡。

對於個體天體外的整個系統而言，也呈固（"."）、氣（"1"）、液（"o"）三態。如太陽系，近太陽的為類地行星，水、金、地、火，偏固態（"."）星球；遠太陽的為類木行星，木、土、天、海，偏液態（"o"）星球；九大行星外的遙遠天體，彗星，偏氣態（"1"），因為它一回到太陽附近就放出長長的氣體尾巴。

更大的系統，如銀河系，近銀心的星球為固態（"."）恒星居多（如黑、白矮星、小黑洞等）；遠銀心的星球為液態（"o"）恒星居多（如普通恒星）；邊緣的星球為氣態（"1"）恒星居多（如年輕的原始恒星狀星雲），⋯⋯。

總之，固、氣、液三態是自然狀態下的宇宙眾星球基本法則，從天體的內部到外部，從單個天體系統到群天體系統，都表現為"."、"1"、"o"性。

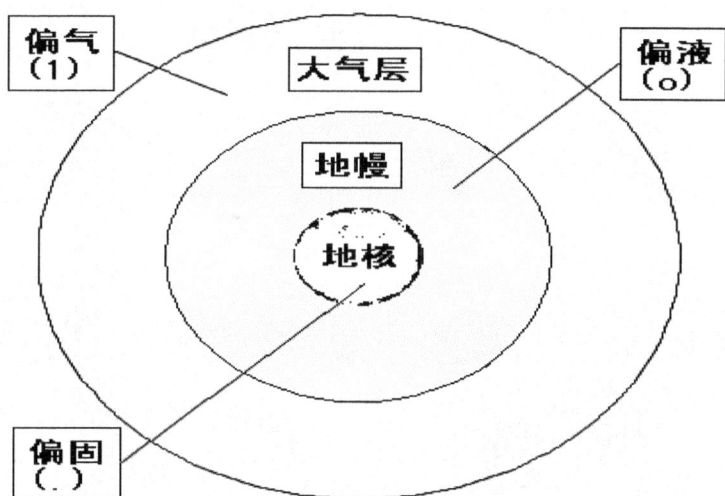

圖 11-7(1)　　　行星的內部結構 （ 如地球 ）

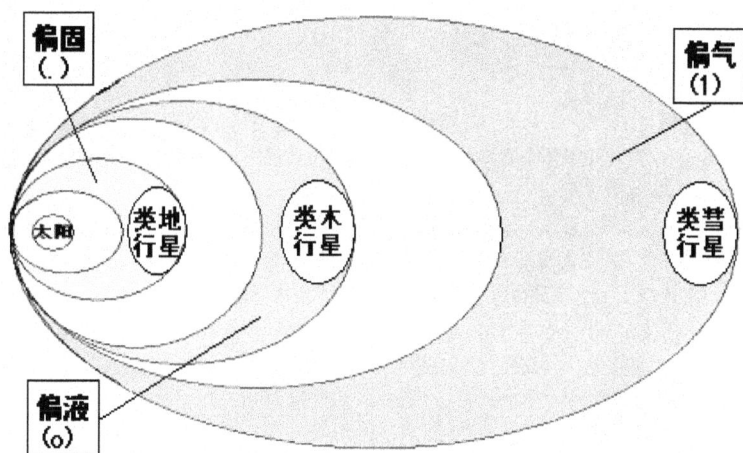

圖 11-7(2)　　　太陽系的結構

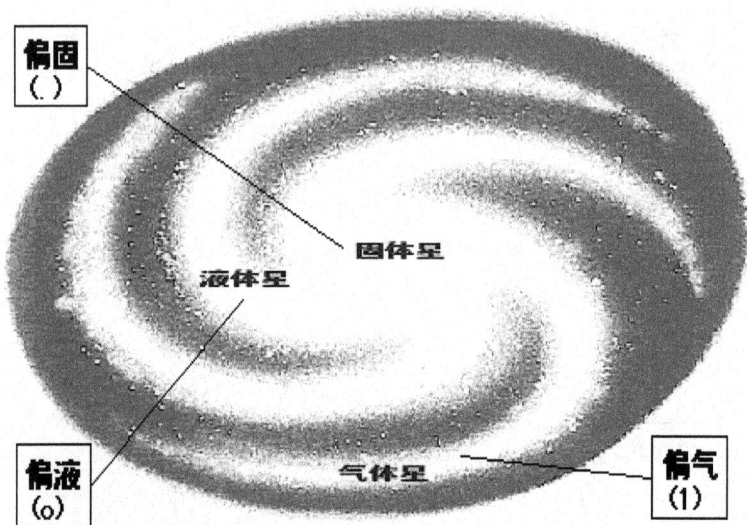

偏固
(．)

固体呈

液体呈

偏液
(o)

气体呈

偏气
(1)

圖 11-7(3)　　　銀河系的結構

1. 天體的中心　（"．"）

對天體的中心研究，最早要數法國科學家拉普拉斯（ P. S. Laplace 1749 ～ 1827 ）的著作，本章試圖用最簡單的宇宙法則原理來解釋。

我們先從腳下的地球開始。目前科學家用地震波、聲波和衝擊波對地球中心進行掃描時發現，當波在通過地球內部各個層次時，波的密度和速度會發生變化，這是研究地球中心的最基本資料，這原始資料意味著地球內部有許多層次且化學物質組成不同。目前認為地核分內核和外核兩部分，內核為鐵鎳物質，密度、溫度、壓力很大，核物質不能流動；外核有些輕元素，密度比內核小一些，與內核一起可看成一個完整固體。地核和地幔之間有一個隔層，是高壓層（ 古登堡 1914 年發現 ），將地核包起來，如細胞核。這個隔層使地核物質不能輕易進入地幔裏，地幔物質也不能進入地核裏，當地核固體物質和地幔液體物質轉速略有不同時，地核有

衝擊能量進入地幔。地幔分上幔和下幔，與大氣層的隔層是地殼，地幔物質不易進入大氣層，除非火山爆發。表 11-1

名稱	狀態	深度（公里）	宇宙法則
大氣層	氣		"1"
地殼	氣、液	2 － 70	"1" 和 "o"
地幔（上幔、下幔）	液	70 － 2891	"o"
幔核介面	液、固	2891 － 2900	"o" 和 "."
地核（外核、內核）	固	2900 － 6371	"."

表 11-1　地球內部結構

前面說，水、細菌、人是三大能級鴻溝。天體內部也一樣，地殼是地球大氣和地幔的鴻溝，地幔、地核之間也有鴻溝，核中心固體是星體的聚合力量中心，穩住星球的重心。高溫、高壓使原子層上的電子脫離原子核的控制，形成游離狀態，當眾多游離狀態電子表現為 "."、"1"、"o"性時，會造成一種群體動力，這就是中心核自轉的起源。而中心核的動力又帶動地幔、地殼、大氣層等各層次的物質粒子形成 "."、"1"、"o"效應，並維持著自轉。當然，在地球形成初期，其自轉方向是由中心體太陽帶動的。

對太陽來說，也是一樣，也分日核、日幔、日冕等，只是由於溫度、壓力更大，其生命形態表現的比地球更強烈，且在原子核、原子、分子等各層次上表現為按宇宙法則為基礎的虛實性、運動性、矛盾性和週期性。

對太陽系來說，太陽就相當於內核，類地行星是外核，類木行星是幔，外層彗星是大氣層。

目前科學實驗室達不到天體內部的條件，既使達到，也得不到這麼多以自然態分佈的游離電子，所以以上結論，實驗室證明不了。

一些特殊天體，象黑洞只有固體，即 "．" 偏多；有些年輕恒星只有氫氣雲，即 "1" 偏多，這說明星體的 "．"、"1"、"o" 的交互變化。

在恒星內部也存在固（"．"）、氣（"1"）、液（"o"）的轉換變化，如當天體自身的氣體不斷變液體，液體又不斷變固態時，星球的年歲將越來越大。因此測量一下天體內部固體的多少也能知道它多大年歲，當然初始態也要考慮，如類地行星，由於近太陽，形成初期就偏固態。

2. 天體內部（ "o" ）

所有天體的本體狀態都表現為固、液、氣三態，它們在年輕時氣體較多，後向液態移動，老年時固態偏多，同人相似。天體內部中層液態的活動，造成天體的磁場，也使天體有火山噴發和地震活動。當天體年輕時，氣體、液體較多，有大量劇烈火山噴發和地震活動。隨著年歲的增長，液體和固體變的較多，天體也變得穩定，火山和地震活動也就大大地減少。

天體內部的層層 "o" 結構就象一個樹幹的樹輪，有 "1" 形樹綫從中心核直向外伸展，從原理上有從中心核直達表面的管道，這些管道就是天體的噴發區。對太陽來說是耀斑和黑子的區域；對地球來說就是火山和地震多發區。在地殼板塊的接縫處，常由於地核中心或地幔釋放的能量過大而形成衝擊波，這使地殼板塊斷裂而形成大地震和海嘯。有時這些垂直管道會由於地球自轉而發生移位，如果管道移位，活火山就會變成死火山，而另一地區將變成活火山。移位也會造成有些區域板塊這時期很活躍，而另一時期就沉寂下來，再換成另一地區，如 2000 年至 2005 年是印度板塊活躍期。

火山和地震多發區是地幔物質通向大氣層的通道，通常是地球表面最脆弱的部分，也是地球的死穴，常集聚在天體的赤道處，那裏地殼板塊運動劇烈，管道直達地心。

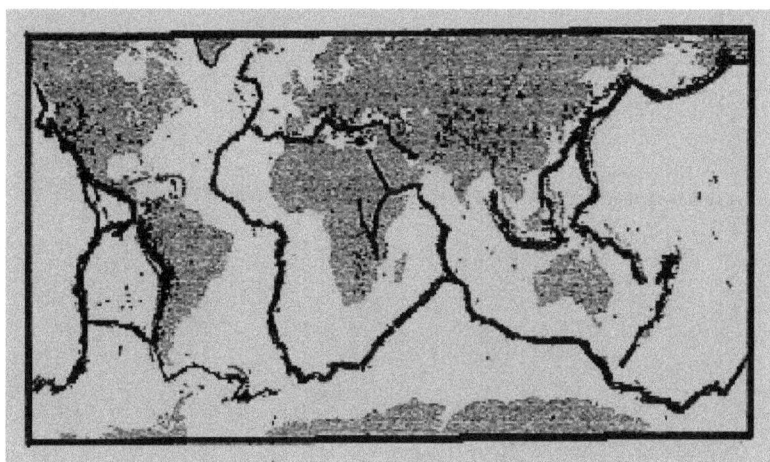

圖 11-8　　　　地球板塊火山地震帶，象樹皮結構

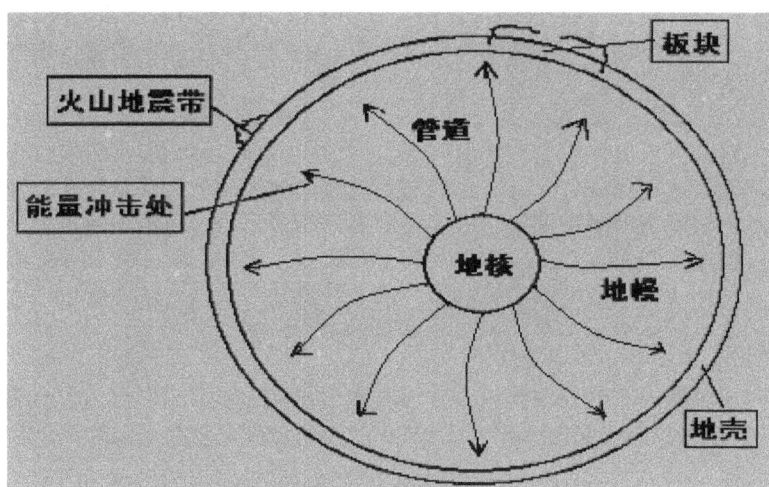

圖 11-9　　　　地核到地殼有彎曲的管道

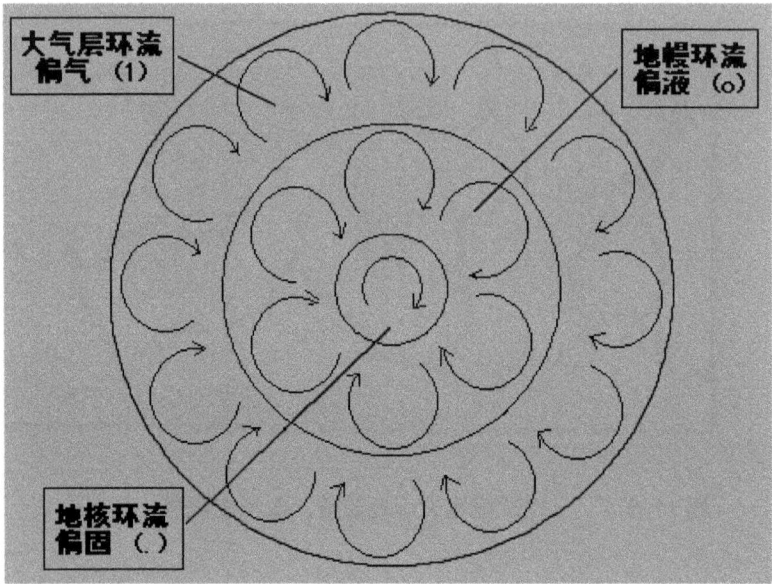

図 11-10　　　　地球的各層環流。輕物質沿樹線向上翻，重物質沿樹線向下沉

對地殼來說，它是地幔的包殼，處於氣、液之間，有大量空氣縫隙和地下水，比地幔物質鬆散。地殼分主板塊和次板塊兩種，主板塊為深層板塊，次板塊為淺層板塊。主板塊是由多層淺層次板塊重迭形成，板塊之間的縫隙由地下水、空氣、石油和天然氣充塞。如果將石油和天然氣都抽盡，會造成板塊之間的移位和斷裂機會，而形成地震。地下水也是同樣道理，有些國家亂抽地下水，結果造成整個城市下沉。

次板塊的相互碰撞和擠壓會形成淺層地震，形成小山；主板塊的碰撞造成深層地震，形成大山，如喜馬拉雅山就是歐亞大板塊與印度大板塊擠壓和碰撞形成。

總的來說，地殼就象樹幹上的皮，一層層的重迭，有舊皮也有新皮。新皮是地幔物質進入地殼形成的，舊皮和新皮交叉和擠壓會造成崩裂和位移。地幔就象樹輪，有年輪，也有樹線，底層輕液物質沿樹線向上翻，上層重液物質沿樹線向下沉。地核就象樹心，中央聚集能量，將廢能量延地線向外傳輸，同時吸進新能量。由於廢能量的散發和膨脹，造成大陸的漂移是不言而喻的。

3.　天體的外部　（"1"）

天體的外部大都有氣體環繞，只是有時多，有時少。恒星早期有較多的氫氣雲，目前太陽和類木行星的外部有較多大氣層；死亡恒星、類地行星和衛星的氣體較少。對太陽來說，其氣體隨太陽風沿太陽磁場方向向外延伸，在星際空間成螺旋形態。

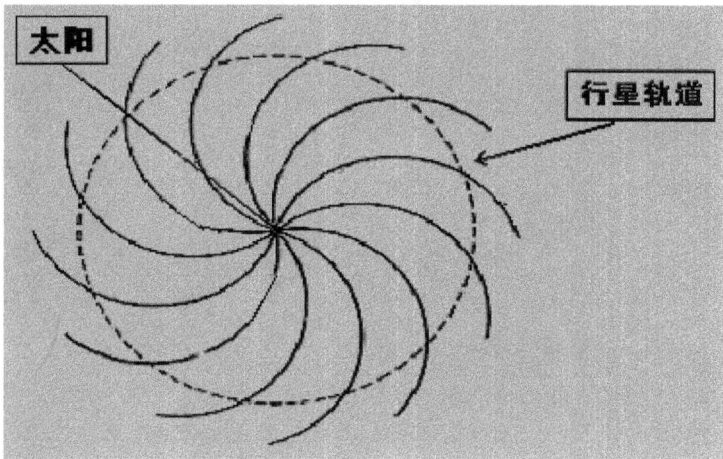

圖 11-11　　太陽風的結構

這種結構也是銀河系星際氣體的結構，其原理表現為宇宙法則"．"、"1"、"o"的運動特徵。

對地球來說，地表以上運動的大氣層和液體層受地球自轉的橫向力和太陽光熱蒸發的縱向力影響，而形成旋渦狀颱風和龍捲風，且多在赤道附近的海上形成，其內部結構也呈"．"、"1"、"o"運動特徵。

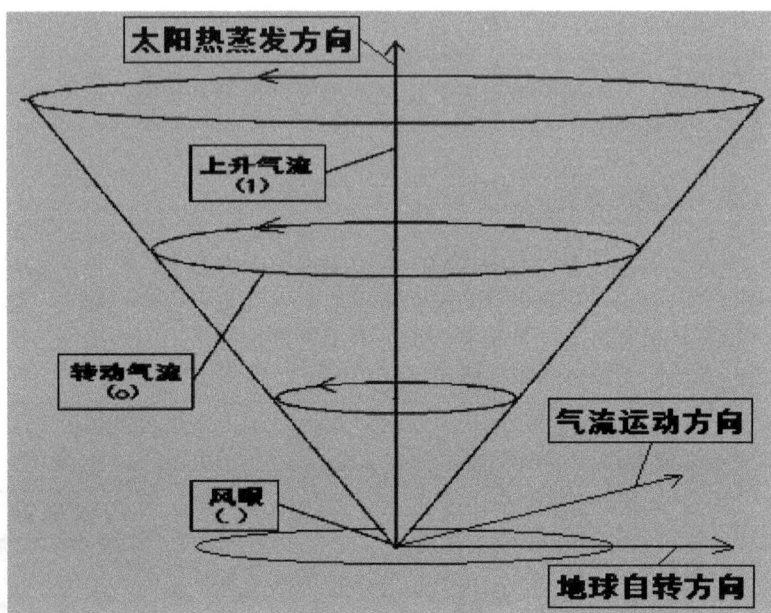

圖 11-12　　颱風、龍捲風的 ".""、"1"、"o" 結構

四.　原子層次到天體層次

　　在原子層次上，核外電子繞原子核運動表現為波粒兩相性。"粒"為電子繞原子核所占空間是有序的，即電子個數按自然序數增加，如 1、2、3、4、5、6、……，這才有不同的化學元素。"波"為電子在核外呈幾率分佈，表現為電子雲。你不能觀測到它們的具體位置，所以是無序的。

　　對化學元素來說，忽視了電子的無序（ 波性 ），即對電子繞原子核多少圈、多快速度、多少時間不加考慮，而只考慮電子的有序（ 粒性 ），占多少空間。

相對於社會科學，人的生命是一年一年算的，財富是一天一天積累的，所以人們通常考慮時間因素，認為時間是有序的。至於說人的質量有多大，占多大空間無所謂，這就是社會科學是研究時間的"o"科學，與之相應的數學公式都表示這種時間概念。

對天體來說，對行星繞太陽多少圈，有多大年令，不加考慮，只考慮它占多少空間。所以對天體來說，空間是有序的，時間是無序的。 因此自然科學是研究空間的 "1" 科學，相應的數學公式都是表示這種空間概念。

五. 總結

由於"."是聚合的集合，使物質成為固體；"o"是穩定的集合，使物質成為液體；"1"是離散的集合，使物質成為氣體。因此，衛星、行星、恒星、星系等天體層次，它們的內部和外部都表現為簡單的"."、"1"、"o"特性。

在自然條件下，氣體元素呈單質氣體或氣體元素化合物（ 如 H20, NH3 等 ）存在在大氣層中。液體元素很少，只有汞（Hg）和溴（Br），大多是化合態，如氫和氧化合的水，矽酸鹽和碳酸鹽熔液，組成地幔；金屬固體元素很多，但只有幾種主要的鐵、鎳、矽等形成地核。儘管化學元素名稱複雜，但組成的物質狀態只有固（"."）、氣（"1"）、液（"o"）三種。年輕的星球氣體較多，老年的星球固體較多，固氣液三者歸一，"."、"1"、"o"溶為一體，為完美平衡。偏各一方，一定有問題。

地球的固氣液俱全，壓力溫度適宜，充滿生機；月亮偏固，充滿死氣，儘管同地球的位置一樣；木星、彗星等偏氣，毫無生命跡象。大自然的規律在於有機的統一，平衡發展，這才體現宇宙法則。

下面是"天體週期表"，它表示：
1) 元素（"."）：從氣體到固體；從衛星系到宇宙系，元素越來越重。
2) 壓力（"o"）：從氣體到固體；從衛星系到宇宙系，壓力越來越高。

3) 溫度（"1"）：從氣體到固體；從衛星系到宇宙系，溫度越來越熱。

象化學元素週期表，天體週期表各層次、各項可循環往復，上下跳躍，交叉互動構成總天體圖景，如宇宙中心或星系中心爆炸成氫氣雲，氫氣雲也可再聚合成宇宙中心或星系中心。

元素週期表（"."）、天體週期表（"o"）和後面的生物週期表（"1"）是宇宙法則三大週期表體系。

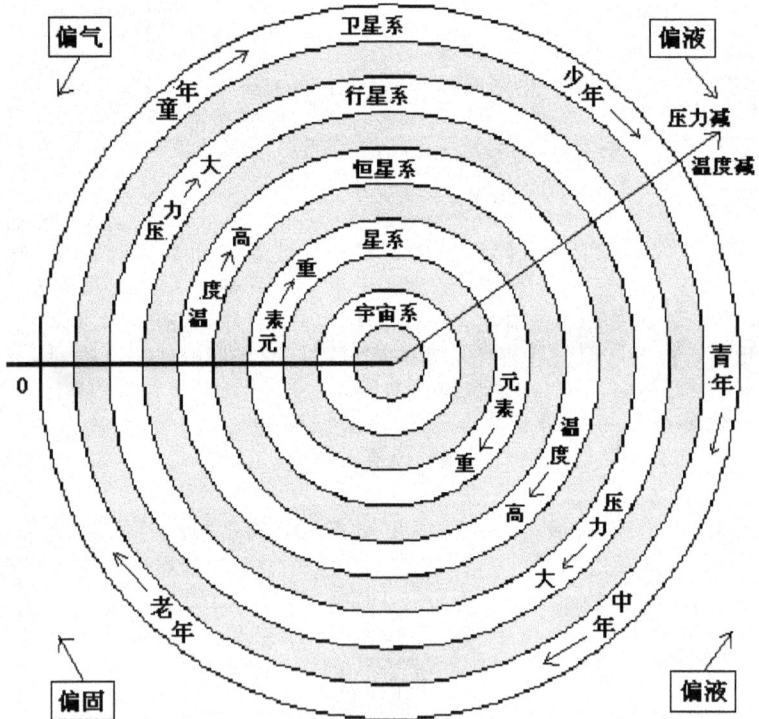

圖 11-13   天體週期表

前人的評論

　　書讀得多而不加思索，你只覺得知道得很多；當讀書思考得越多時，你會清楚地看到，你知道得還很少。

　　真理的旅行是不用出入證的。

－ 門捷列夫 －

附：

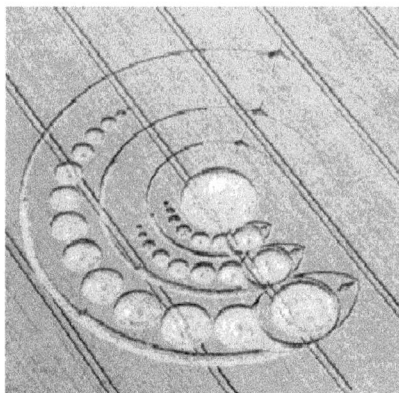

麥田圈展示天體週期表。

麥田圈展示化学元素週期表

第 12 章
Chapter Twelve

生物和醫學
Biology and Medicine

問題和討論

1. 生物的細胞、組織、器官、系統是設計的嗎？

2. 病毒、細菌具有 "."、"1"、"o" 結構，說明了什麼？

3. 什麼是 "."、"1"、"o" 的三套馬車式？

4. 什麼是生命物質的確實定義？

5. 有的科學家說："科學已到頂，將來無重大突破了！"，你同意嗎？

一. 引言

生物學和醫學是與人類息息相關的兩大學科，從古老的類人猿開始，人類就在觀察周圍的一草一木。哪種動、植物能吃，哪種不能吃；哪種動、植物好吃，哪種不好吃，他們都一一作了分類。同時，人類也在後來的探索時發現，當自身生病時，如果吃下一些周圍的花、草、樹木和動物器官，病痛就會減輕。

接著，聰明的古人就開始將動、植物的藥性進行分析和總結，如神農氏嘗百草，最後懂得了用幾種草藥進行搭配以達到不同效果來治病。針灸和原始開顱手術的應用，更是古人將醫療工具用於人體和臨床。為了減少疼痛，古人已知道將草藥和針灸結合當麻藥。人來自大自然，吃自大自然，病自大自然，治也自大自然。大自然給所有生物一種自然的直覺，這種直覺就是宇宙法則 ".." 、 "1" 、 "o" 原理。

本章將探討生物學和醫學的基本原理，回避其中的大量複雜化學反應方程式和專業名詞，從自然原理基礎上找出它們的本質共性，從而達到大統一的目的。

二. 生物

生物學是一門基礎而古老的科學，最早是從醫學和哲學開始的，但真正的突破是在近百年來，隨著顯微鏡的發明，物理、化學和醫學的進展，才使生物科學的研究從宏觀進入了微觀，從觀察實驗上升到理論。

在 19 世紀，德國植物學家施萊登（ M .J.Schleiden 1804 ～ 1881 ）和動物學家施旺（ T .A .H Schwann 1810 ～ 1882）首先證明了動植物都是由細胞組成，從而奠定了細胞學基礎。隨後，達爾文進化論的建立，微生物學和胚胎學的進展，以及宏觀分子生物學、生態學的興起等，都直接推動了生物學的發展。但從總體生物學的研究看，它們還是沒有離開 "." 、 "1" 、 "o" 的框架。

1. 生命的種子（".")──── 細胞 、細胞群

細胞是生物體結構和功能的基本單位，也是生命的根本。由於它的形狀不規則，富有變化性，所以生命物質具有多樣性和多變性。

細胞的基本化學結構是高分子化合物，由水、鹽類、核酸、蛋白質、糖、脂質，以及微量維生素組成，其總體結構雖然不如原子層次的化學元素有規律，但如原子內部結構一樣，也呈"."、"1"、"o"性，以細胞為基礎的生命體仍然按宇宙法則運作。

對細胞內部中心的細胞核來說，核仁為"."；核液和染色質為"o"；核仁和液的能量交換為"1"。

對整個細胞來說，細胞中心核（ 包括核仁、核模、染色質、核液等 ）具有凝聚力和控制力，呈"."性；周圍的細胞質（ 包括線粒體、內質網、核糖體、高爾基體、中心體、細胞壁、葉綠體、液泡、溶酶體等 ）具有穩定性，呈"o"性；而細胞核內部物質與細胞質的能量交換（ 遺傳、變異 ），細胞質與細胞外部的能量交換（ 新陳代謝、吸收養分和排出廢物等 ），是"1"性。

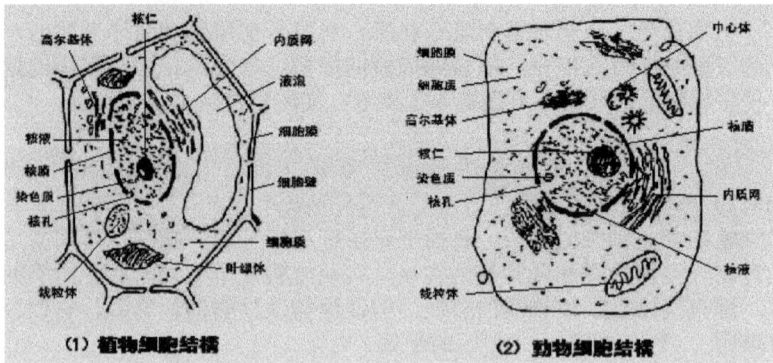

圖 12-1   細胞結構

2. 生命的動量（"1"）---- 變異、病變和擴散

一個獨立的細胞本體具有"."、"1"、"o"結構；性質也具有 "."、"1"、"o"性，這表現為一切生物都具有 "1"動量，如細胞的分化（指細胞發育過程中，其後代在形態、結構和生理功能上發生穩定性差異）、癌變（指細胞生命體不能正常分化，而成為無法控制的連續分裂惡性增殖細胞）。

而當大量細胞聚合在一起時，又同樣表現為群體組織效應，還是"."、"1"、"o"性。它們中有領頭的，叫主導細胞，如腦細胞；也有附隨的，叫傳導細胞，如神經細胞，結果一傳十，十傳百，百傳千，千傳萬……，造成擴散、遺傳、變異和病變等。人體是由幾百億個細胞組成，任何一個變化的指令都會從一個"."源上開始，象水滴一樣擴散到全身，正常指令和病變指令都是一樣。

進一步，生物具有應激性（指生物本體對外界的刺激產生反應，調節自身與之相對應，如單細胞生物的趨光性；植物根系的向地性、向水性；枝、葉的向光性；動物的條體反射活動等）和變異性（指遺傳物質在準確複製、前後代保持連續性和相似性的同時，後代也會產生變異並引起物種進化）。

3. 生命的平衡（"o"）---- 遺傳、生殖和週期循環

變異是迅速和短暫的，穩定平衡是緩慢和長期的，從一個細胞的穩定平衡，發展到細胞群所表現的總體過程，一切生物都具有調節本體、新陳代謝、週期循環和生育繁殖的現象，這是生物維持平衡的一個主要過程，稱為"o"過程。如新陳代謝是指生物從外界環境獲取能量後，通過合成自身的原生質增加能量，同時將體內的廢物能量排出體外以達到平衡。週期循環則是另一個過程，指生物本體具有生物鐘，有生命週期等。

由於自然環境是不斷地週期循環、日夜交替、春夏秋冬交替，這對生物的週期循環也有重要影響。因此，生物自身要求與外界環境保持平衡和穩定，並不斷進行自我調節，如動植物的冬眠就是一例。

總之，生物從最小的基礎結構細胞；到細胞構成的各種組織；各種組織構成的各種器官（如心、肺）；各種器官構成的各大系統（如消化系統、血液系統），各大系統構成人體，人體構成群體，群體再構成社會，……，都按".”、"1"、"o"的性質進行運作。哪個層次未按此程式進行運作，哪個地方就會有缺陷，但它們會自動進行修補和調節，這就是進化。

人們也許問，為什麼會有這樣的器官？為什麼它們會長在這，不長在那，是誰設計安排的呢？這個問題一直困擾著科學家，因為實驗做不出，所以無法解釋。

但宇宙法則認為，從細胞核到人體各個層次都一定要遵循".”、"1"、"o"法則，比如有頭腦就需要有身體各部位支援它；有心臟就需要有血管和養血系統，一環扣一環，沒有高智慧設計，只有一個法則所帶動。

智慧設計要求嚴格執行，否則就會錯位，如蓋樓不按圖紙就會倒塌，而且品種單一。法則不要求嚴格執行，二個頭、三個手也無所謂，只不過會不舒服。法則只給出一個多數的可能，這才有大自然如此豐富的物種，不斷變化的種類，設計圖紙或設計品種怎麼可能能達到呢？

同樣道理，即使一個國家有強大的死刑法律打擊，也仍然有罪犯敢作案。法律只給出一個多數的可能，只要大多數人遵守法律，社會就穩定了，法律無法控制到每一個人。

這對生物變異和不斷進化是一樣的，精確的科學家花了很長時間才從爭論上理解到這一點，如在量子理論上，波爾的幾率理論一直遭到包括著名科學家愛因斯坦的強烈反對，但幾率理論仍然是 20 世紀最重要的理論之一。

為了與化學元素週期表相對應，我們又作了一個生物週期表，如下：

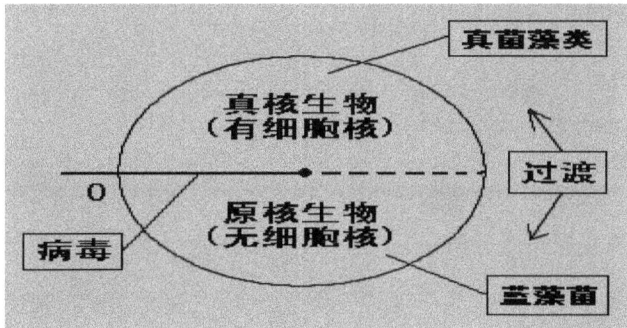

圖 12-2　　　生物週期表（Ｉ）

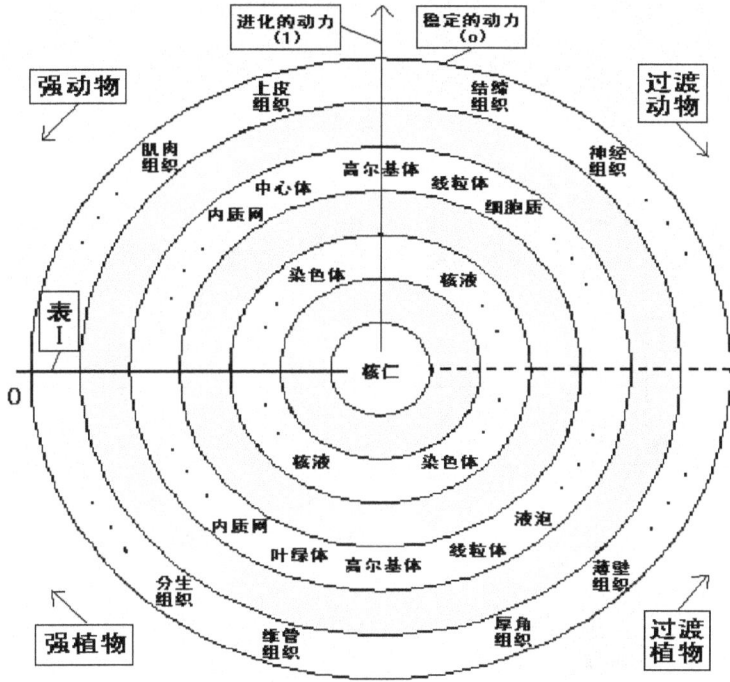

圖 12-3　　　生物週期表（ＩＩ）

1) 越向"o"內，動植物越相似，如核仁最相似。

2) 零線處為細菌、病毒層，如 圖 12-2，分離動、植物，與宇宙法則式化學元素週期表的零元素有些相似。

3) 從核仁向外，品種隨層次增加而增加，但不是無限制增加，到一定數量就會死亡和變異成其他物種，象元素的放射性。

4) 動物的器官差不多，但種類卻很多，越近親的生物種群可自然雜交，越遠親的生物就越不行，植物也是如此。

5) 象化學元素，動、植物之間也有過渡，我們叫它們中性動、植物，如冬蟲夏草。

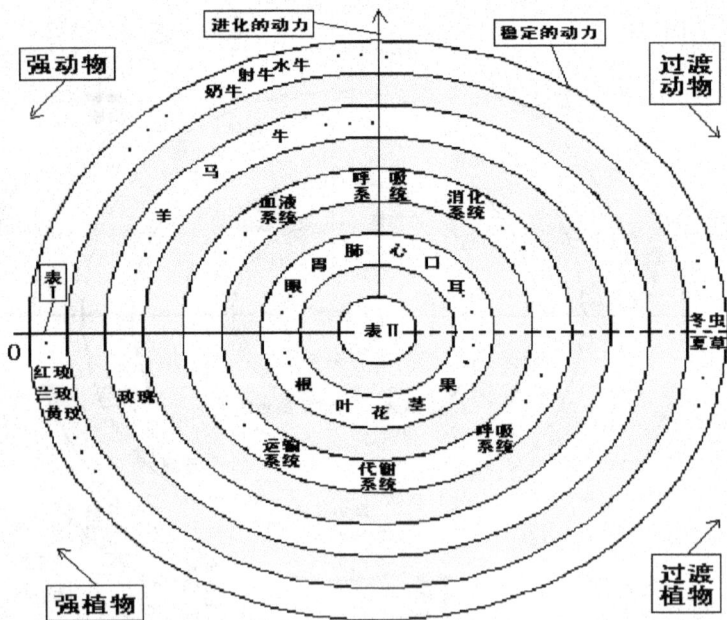

圖 12-4   生物週期表（Ⅲ）

三. 醫學

醫學與生物學對比主要是在應用領域。在人類與大自然的鬥爭中，中東人、西方人和東方人各自從本民族和地域出發，發展出了一套自己的醫學理論，如中東地區最早是 "." 醫學，耶穌的手一摸病人，病就好了，如眼一摸就可複明。目前也有個別氣功師聲稱有特異功能，治病不用醫、藥；東方的醫學理論著重 "o" 醫學，又為自然法則和虛理論，講究自然平衡（如陰陽平衡、經脈、氣血）、自然療法（如針灸、中草藥）；西方的醫學著重 "1" 醫學，又為實用法則和實理論，講究精確實用（如臨床、手術）、化學療法（如化學藥劑、生物藥劑）。

在人的精神和心理領域（虛領域），東方醫學家研究較早和較深，如氣功、血脈、針穴等，現代醫學至今還無法參透。而在人體結構領域（實領域），西方醫學家研究較先進，只因人體解剖、物理、化學、生物學提供了更完善的理論體系，從而使外科手術達到如火純清的地步。

到如今，一些西方專家轉去研究東方醫學，而現代東方醫學家又反去追隨西方醫學，結果形成交叉。宇宙法則一書就試圖使東方的虛理論重現輝煌，與西方的實理論溶為一體，這才是大統一理論的實質。

對醫學的總體來看，它只是研究人體和病源（"."）、病毒和擴散（"1"）、藥物和控制（"o"）關係的科學。

1. 人體和病源 （"."）

醫學研究也有層次，如分子細胞層次、組織器官層次、系統人體層次等。

在分子細胞層次上，任何疾病都有一個源。病源通常由病毒或細菌感染引起的，這個源落在哪裡，哪裡就開始發病，如落在胃上就先有了胃病，進一步就變成胃癌。病源通常是你身體最薄弱的部分，它的製造者 ─── 病菌懂得先攻弱後攻強原則，比如先攻陷最薄弱的機體後，再向強壯的機體擴散和侵蝕。病毒看過孫子兵法嗎？當然沒有，那它怎麼這麼聰明？

只因宇宙法則是任何生命物質的法則，不用人教，自己就會。"以己之長，擊彼之短"，你身體強壯時，病毒怕你，你身體虛弱時，病毒反欺。這如同國家強大時，到處侵略、萬國來朝；國家虛弱時，內有暴民叛亂、外有列強欺凌。身體的循環系統，如神經系統、血液系統、淋巴系統等重要器官是最容易被攻擊的，因為病毒知道，只有攻陷這些地方，整個運輸線就中斷。因此對醫生來說，是要首先找到病源，切除它、包圍它、根除它，使它不能擴散。當然，如果病源是心理上，只要疏通開導，自然心暢病除。

2. 病毒和擴散（"1"）

細菌和病毒是生命物質，它們需要按宇宙法則發展、象波一樣的起伏、壯大和擴散。病毒和細菌的結構也使其具有攻擊性，如 **圖 12-5**。當攻陷單個細胞後，就向細胞群體擴散，進而上升到組織器官和人體層次。最後，離開個體擴散到社會群體，正是星星之火，可以燎原。

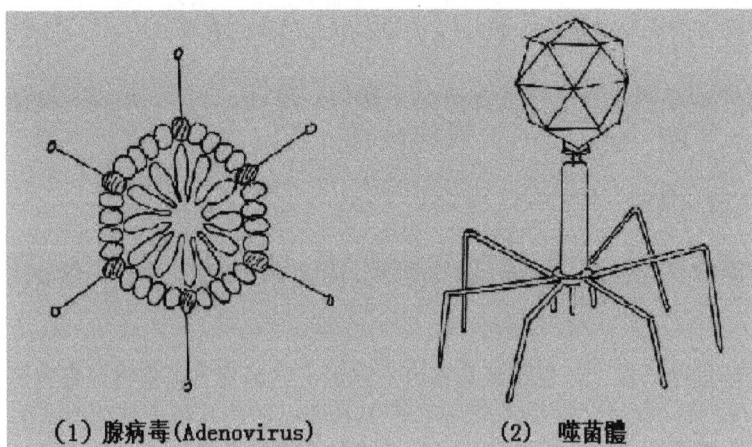

(1) 腺病毒(Adenovirus)　　　　　(2) 噬菌體

圖 12-5　病毒和細菌的 "."、"1"、"o" 結構

156

3. 藥物和控制（"o"）

從外部說，當天氣炎熱或寒冷時，人體本身的自我調節功能會立即工作，以保持本體的冷熱平衡。

從內部說，當自身的細胞、組織器官被病毒、細菌侵蝕後，就立即組織強大的保護牆來，此為第一道防線，叫".."防線，用以阻擋病毒的繼續前進。對老年、體弱、幼小的人來說，抵抗力較弱，病毒源會迅速擴散，全身發燒和生病。腦神經系統是全身的控制系統，如果情緒、心情不好，神經循環、控制系統就會成為薄弱環節，有時疾病未到已有人自殺。

一但神經系統（生命智慧系統".."）、血液系統（能量系統"1"）、内分泌系統（調節系統"o"）被一一攻陷後，病毒會迅速擴散，先小"o"，再大"o"，然後全身，直到死亡。如果精神愉快、意志堅定、有信仰，神經系統就不易被攻破。既使身體有地方被病菌攻陷，意志堅強、樂觀、經常運動鍛煉的人，也容易控制病情。

當自身抗體無法控制病毒時，病毒就會擴散到全身，目前的醫療手段是借助藥物和外科手術進行控制，這是阻擋病菌前進的第二道防線，叫"o"防線，目的也是包圍病源、控制病情、防止病毒或腫瘤擴散。當藥物和醫療手段都無法控制病毒時，病毒會離開個體人向群體擴散，這就是傳染病。治療手段將採取隔離源頭方式，此為第三道防線，叫"1"防線。

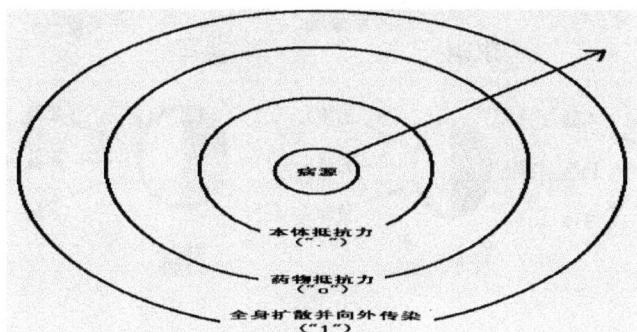

圖 12-6　　病菌擴散的控制系統

四. 生命的起源

目前科學對生命的起源還遠遠沒有解決，這主要是科學的實驗是人腦中的 "." 、 "1" 、 "o" 思維方式設計的，對於超出實驗之外的生命虛體無法把握。在物理、化學和生物學研究領域，每當遇上本書所講宇宙法則範圍，它們一定一籌莫展，這說明現代科學理論有缺陷。有些科學家解釋不了，就說是迷信，或說科學己到頂，無重大突破了，這種論調不是科學家的科學態度。由於人們對宇宙的理解還遠遠沒有超出人的意識範圍，就單單一個物理領域的統一也是不可能，不要說推到其他領域。

舉例說來，從目前科學的觀點認為，所有生物都是由碳氫氧化合物構成，以蛋白質的形式存在，又以核酸作為遺傳物質基礎。這些生物都是從無機物演化來的，其過程是當原始大氣的水蒸汽、二氧化碳、氫、氧、氨、甲烷等無機物成分，在光、熱、電等因素作用下，就會合成簡單的有機分子（ 如單糖、氨基酸、核苷酸等 ），有機小分子再進一步化合形成生物大分子（ 如蛋白質、核酸和多糖 ）。以上這一過程遇到一個重要的問題是，什麼力量使無機物變有機物？有機物變成生命物質？為什麼生物只選擇碳氫氧這三種化學元素為主體元素，而不是每種元素平均選擇？

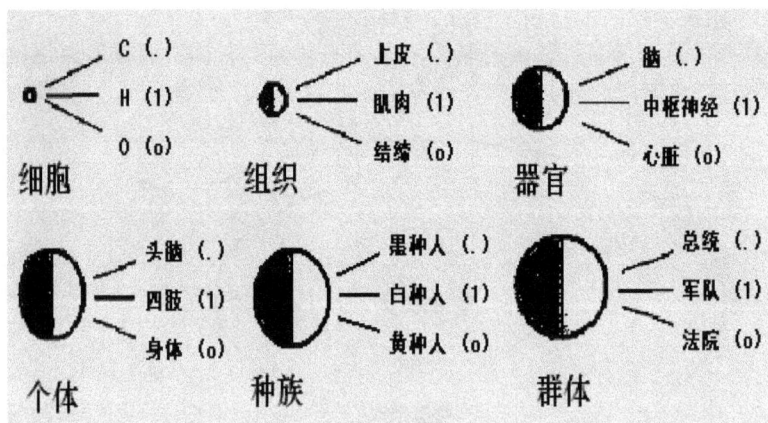

圖 12-7　　　三套馬車的法則

注意，天體也不是平均每個化學元素都一樣多，它們也只選擇幾種主要化學元素作為基礎。這些基本問題目前科學家還無法回答，但從我們的宇宙法則 "."、"1"、"o" 原理就容易理解。

圖 12-7 中說明，每一個層次都按宇宙法則選三種主要元素：一個是中心元素，一個是突破元素，另一個是穩定元素，呈 "."、"1"、"o" 性。從細胞層、組織層、器官層、個體層、群體層 ……，一層層地選下去，這就是生命。

死物體就不能表現這一宇宙特性，如一個死桌子，它不能形成 "."、"1"、"o" 性，儘管桌子內的原子、分子層上有電子運動，但整體無運動，所以是無生命的。

而天體不同，它們在原子、分子和整體物質層上都呈 "."、"1"、"o" 運動，所以也是生命物質。

目前在各大百科全書上對 "生命" 一詞的定義還不能明確給出，自然解釋不了三套馬車式進化。我們對生命的定義簡單且明確："生命就是能表現 "."、"1"、"o" 性的物質，不論是簡單物質（如蚊子）還是複雜物質（如天體）"。這定義可能對生命的起源，生物的演化發展有重要意義。

五. 總結

總的來說，生物和醫學的研究又給出了大量例子和證據支持了宇宙法則，科學實驗越詳細，理論越完善，就越接近 "."、"1"、"o" 法則。

目前生物學最前沿是搞基因圖譜，但未完成，等它完成了，看看又為宇宙法則增加了哪些實驗證據，一定是分三類：一類是本體基因（"."），一類是穩定基因（"o"），另一類是變異基因（"1"）。

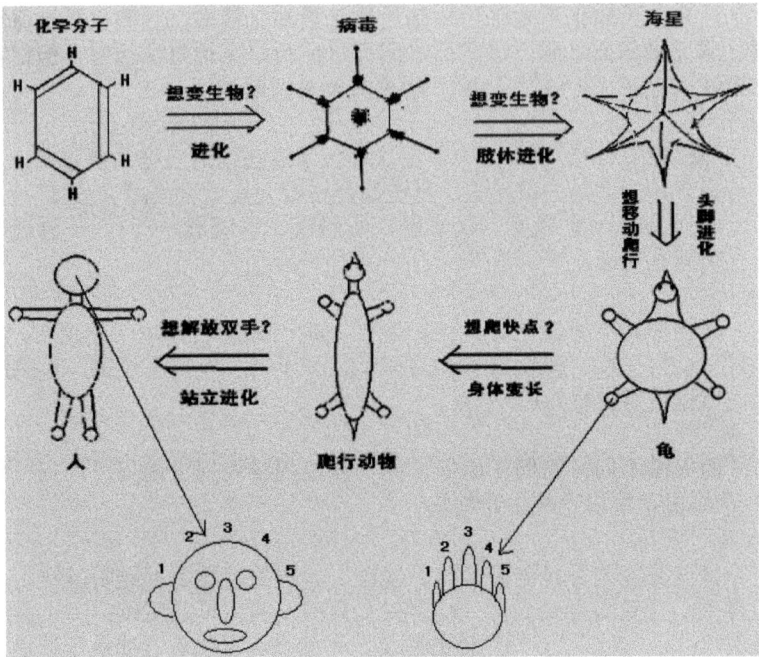

圖 12-8   ".""、"1"、"o" 進化法則

前人的評論

在觀察的領域中，機遇只偏愛那種有準備的頭腦。

我達到目標的唯一力量就是我的堅持精神。

－ 巴斯德 －

160

第 13 章
Chapter Thirteen

人類的進化和滅亡
Human Evolution and Destruction

問題和討論

1. 什麼是生物的 "o" 進化和 "1" 進化?

2. 恐龍的滅絕是隕石造成的嗎?

3. 人類智慧週期是怎樣的? 它們是怎樣發展的?

4. 為什麼說地球是緩慢變熱, 然後突然變冷?

5. 人類的滅亡信號是什麼?

一. 引言

宗教認為，地球上的人類是按照上帝的樣子造的，但宗教解釋不清，為什麼宇宙之神會長的象地球人的模樣，而不象比地球人更智慧的外星人，難道地球是宇宙中心嗎？

科學家認為，人類是從最低等的微生物，也有可能是無機物的岩石，經歷漫長的時間，通過自然選擇，一點一點進化而來。但科學家也無法否認，即使是最接近人類的黑猩猩，再給它們幾百萬年，也變不成人。而象鱷魚這種動物，它在地球上已生存了幾千萬年，比人類的歷史久遠的多，也沒變成人。

二. 生物進化的法則

科學家承認，所有地球上的生物都來自一個共同的祖先，如幾乎所有的哺乳動物在胚胎的形狀都差不多，這就是說，都是兩手兩腳一個頭的結構。低等生物可能手腳多一些，但頭也只有一個，如墨魚和蜈蚣；再低等的，如植物，手腳就是枝和葉。

頭就是地球生物的最原始種 "."，身體是 "o"，而手腳是 "1"。進一步，也許全宇宙的生物都是這種結構，如果是多頭就會造成終身痛苦和短命，這種 "."、"1"、"o" 的法則就是生物進化法則。

圖 13-1　　　　　　多腳生物

162

宇宙的生物種 "." ，從宇宙大爆炸就開始進化了，進行的是 "1" 和 "o" 的進化。

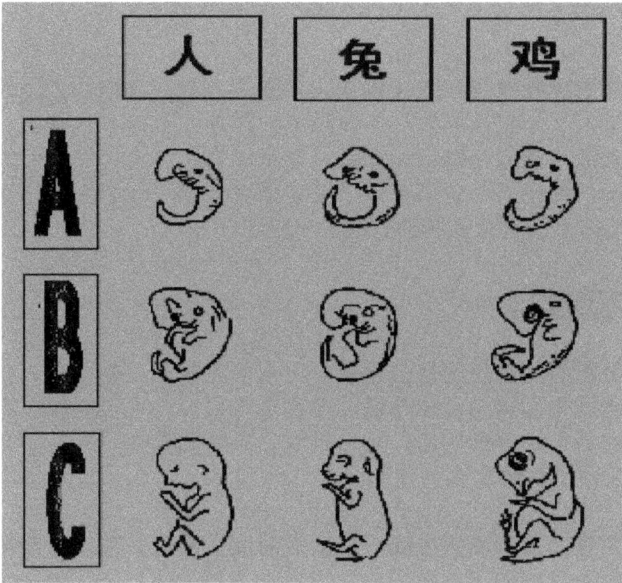

圖 13-2　　　三種哺乳動物：人類，兔，雞在胚胎時的相似性

"o" 進化叫圓進化，意味著是穩定的、緩慢的、橫向圓式的進化。
"1" 進化叫線進化，意味著是跳躍的、突變的、縱向能級式進化。

達爾文進化論通常描述的是穩定的進化，一種緩慢、漸進的自然選擇，是 "o" 進化，象鱷魚這種生物，幾千萬年也沒變多少。

而人的進化是 "1" 進化，是跳躍式進化。每跳上一個能級就進行一段時間的穩定進化，然後再跳上一個新的能級。這種進化也是許多物種出現化石間斷的原因，因為跳躍時間非常短，還來不及形成化石層。

儘管"o"進化和"1"進化都屬於宇宙法則，但科學界則分成支持達爾文和反達爾文進化論的兩大陣營。兩大陣營都宣稱有足夠證據證明對方是錯誤的，其情形就象早年科學和宗教一樣水火不容，其原因也是"o"和"1"的矛盾造成。

　　另外，人這個能級本身在大爆炸後就存在了。有人說地球人是外星人複製的，那外星人又是誰複製的呢？實際上，即使沒有外星人複製，地球生物也會補上人這一能級空缺。但如果有外來因素，補這一空缺的時間會縮短。通常情況，外星人不會這樣做，這會破壞其他星球的生態結構，就象我們不想將地球上的所有動物都變成人一樣。

三. 生物的滅亡

　　人類也許最關心的是我們是否會滅亡，或何時會滅亡的問題。自古以來不知有多少所謂先知談論、預測過，但都毫無根據，也無應驗。我們前面提到，人類的滅亡是群體問題，是二維或三維時間週期問題，不是個體問題，個體會死亡，群體當然也會死亡。

　　在談這個問題之前，我們先談一下恐龍的滅亡問題。恐龍生活在距今大約兩億年前的侏儕紀時代，消失在六千五百萬年前的白堊紀晚期。目前最流行的理論就是天上突然掉下一個大隕石，落到地球上，從而使地球的氣候改變。這種突然的改變，全球恐龍都不能適應，瞬間死絕，連剛下的恐龍蛋都來不及孵化。實際上，按前幾章講的三元時間理論，即使沒有隕石，恐龍也會滅絕，只不過隕石起了加速滅絕的作用而已。

　　目前，大批鯨魚闖灘自殺，又是另一個證據，說明現在的鯨魚已是弱勢群體，滅絕只是時間問題。當它滅絕時，隕石還未落下，科學家就不能再用隕石來解釋了。

　　實際上，低能級生物的滅絕是由於高能級生物活動造成的，如人類的亂砍亂伐造成水土流失，使眾多低級物種滅絕。恐龍或將來人類的滅絕也會是高能級天體造成，如太陽的一次大噴發，這種大噴發足以立即造成金星的溫室效應，地球的昏天閉日。

164

因此，一兩個隕石會砸死幾隻恐龍，但不會瞬間造成恐龍大面積死亡，甚至快的連蛋也來不及孵化，只有太陽才有如此能力使地球氣候迅速改變。

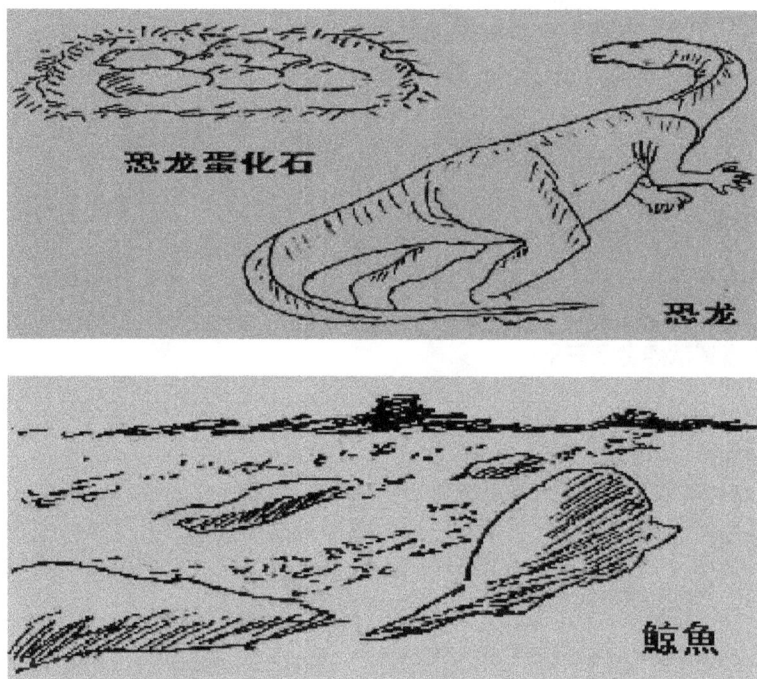

圖 13-3　　恐龍滅亡和鯨魚擱淺之謎

　　我們再回頭看人類。人類的滅亡在於人類的智慧，人類智慧超不過地球，就會死在地球上；超不過太陽，就會死在太陽系裏。超過地球就是離開地球，住在行星上，地球的災難自然不會影響到我們；超過太陽，就是離開太陽系，太陽的災難也不會影響我們。看地球上的螞蟻，當它們預感到天要下大雨時，就急忙搬家，那智慧人該如何做呢？

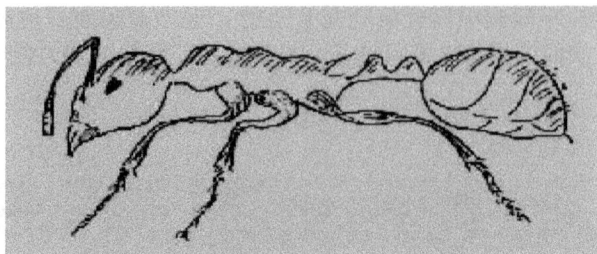

圖 13-4　　　螞蟻在預感到天會下大雨時，就急忙搬家

四. 死亡週期

前章講過，股市反映了人類的智慧能，一個大週期共有八波，五上三下；地球地質年代反映了地球生命智慧能也是五上三下；地球冰河期是太陽生命智慧能還是五上三下。

拿太陽來說，最原始的星雲為冷，然後突然變熱形成太陽，從此後，不斷變冷直到晚年，其圖形見 **圖 9-5** 和 **圖 10-11**。目前，我們是處於太陽從熱變冷的總趨勢中。也就是說，地球氣候受太陽影響，將處於一個緩慢變熱而迅速變冷的八波中，即冰河期都是突然到來，而持續時間不長再緩慢變熱，就象股市都是突然大跌，然後再緩慢向上一樣。可以預見，地球的冰河期將越來越冷。

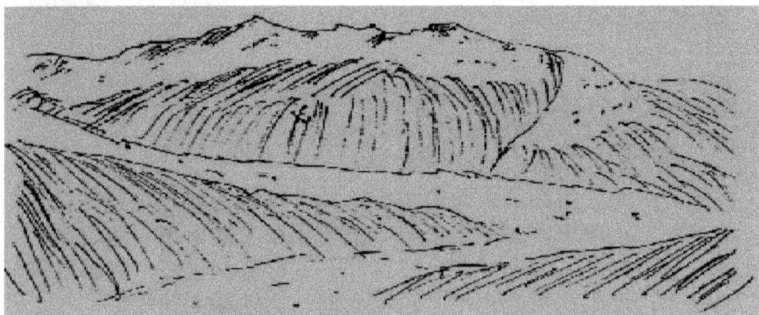

圖 13-5　　　地球的氣候是不斷的緩慢變暖，然後突然變冷

化石的發現也證明了這一點，地球生物的大範圍死亡都是被突然凍死而不是突然熱死。也就是說，當地球的氣候不斷的緩慢變暖，就是一個警告信號。全球的氣候越是炎熱，特別是持續了很長一段時間後，其急劇的變冷危險性越大。恐龍時代就是異常的炎熱，也持續了很長一段時間，而變冷就是短暫而急速，恐龍不能適應而滅絕了。

五. 人類何時滅亡

1. 人類週期

人類除了要警惕上面提到的太陽和地球的生命智慧週期，人類本身也有智慧週期。這種智慧文明週期，通常也是五波上三波下，波形是智慧文明曲線慢慢提高，然後突然下降。下降時間短而急促，上升時間緩慢而漫長，也有大波和小波。

第一大波是從幾百萬年前的非洲開始，到十萬年前叫類人猿文明，這類人猿文明除了會用火和簡單石器工具外，無文明可言。十萬年以後為現代人文明，這現代人文明第一波的高點大概就是金字塔人文明，他們走遍了全球。到第二波的低點五千年前時，也許是太陽或地球的生命智慧週期低點到達，造成了大水或嚴寒等自然災難，使人類人口變少，智慧也變的很低，人類的文明幾乎全都要消失了。全球四大文明古國埃及、希臘、巴比倫和中國，有記載的歷史也不過五千年，除了一些遠古的神話和簡單的語言文字，沒有留下任何有意義的文明，甚至連金字塔怎樣建的也不知。

從五千年前到現在正在進行轟轟烈烈的現代人智慧文明第三波，這一大波目前還沒有明顯的回跌。如果有人說人類文明即將滅亡，他一定有精神問題了，但如果太陽或地球的生命智慧週期目前突然下跌，影響到人類生存則另當別論。通常講，太陽或地球的生命智慧週期比人類的智慧週期長，不會象人類一樣經常變化，如人類智慧的中、小波的下降次數就非常多，第一次世界大戰和第二次世界大戰都是中、小波下降，九一一也是，但這些小小的起浮還不至於影響總的第三大波上升。

此外，從另一角度講，急速的發展就意味著急速的下跌，這正是波浪週期理論所提到的問題。綫的伸展太快，但沒有相應的圓來制約，人類也要受到懲罰，如科學發展太快，高技術用於發展核武器、細菌武器、化學武器，給人類社會帶來危機，但管理地球人類的"o"還不成熟，如聯合國等於空設，國際法也不健全。

圖 13-6　　　聯合國大會

戰爭，特別是愚昧的崇拜戰爭（ 指宗教崇拜、民族崇拜、英雄崇拜 ），時刻威脅人類智慧能級的大跌。將來人類智慧週期會進入第四波，但這第四波是大跌還是橫盤向上是我們的關鍵。大跌通常是毀滅性的戰爭和災難，它摧毀了幾乎前輩的所有文明。高智慧的自動化機器一下變成手動機器，因為無人能懂和使用這些自動化機器，前人寫的複雜論文也無人能識。就如同太平洋上的小島 -----復活節島上的島民，對誰和怎樣建造那些宏偉、巨大的雕像一樣茫然無知，同樣理論也可用於現代人對金字塔的不理解。

168

**圖 13-7   復活節島上的巨石像，共有 1000 多個，有的重達 100
噸**

如果出現這樣恐怖的第四波，而地球人類文明又沒有達到離開地球的
水平，當第五波重拾第三波的智慧時，人類滅亡就是一定了。

我們還不知道這第三波，從五千年前開始到結束，會達到一種什麼樣
的智慧水準，如果能超過太陽的智慧，即人類能夠達到離開太陽系的水
平，也許還有希望。

2. 人類滅亡

我們無法準確的估計人類會何年何日何時滅亡，就象我們無法準確預
測股市會何年何日何時會大跌一樣，但股市的高手們可以從大量的信號
中，分析到這一段時間可能是頂峰了。

人類的滅亡也是如此，滅亡前的大量信號使智慧的人們感到不安，這
就是古今中外出現的大量所謂先知的感覺，但這些所謂的先知通常感到的
是小波和中波（根據本人的程度），但都不是人類的滅亡，如 2000 年
地球毀滅就是無稽之談。

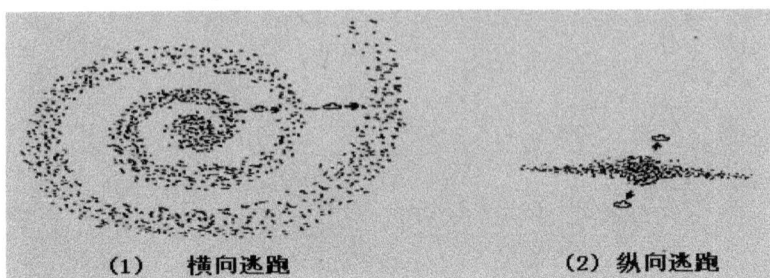

(1) 橫向逃跑　　　　　　　(2) 纵向逃跑

圖 13-8　　　人類在遇到危險時，從古老的星球逃向年輕的星球。生命智慧體如同熱源一樣，不斷從宇宙中心向外擴散。

3. 滅亡信號

人類的滅亡信號也分 "."、"1"、"o"。

1) "." 滅亡信號：　代表人類内部本身出現問題，如大規模的病毒橫掃全球，無藥可治，愛滋病或 "非典" 就是一例。

2) "1" 滅亡信號：　代表人類人口不斷澎脹，但智慧無增，就如成天打架的低等生物，終究有一天人口停止澎脹，就是大量死亡的信號。

3) "o" 滅亡信號：　代表人類的智慧，當智慧達到頂峰無法發展時就是倒退的信號，倒退就是死亡。這種所謂的頂峰只是停在一個 "o" 上無法上升到高層 "o"。這就是前面說的，離不開地球就死在地球上，離不開太陽系就死在太陽系裏。

前人的評論:

能夠生存下來的并不是那些最強壯的，也不是那些最聰明的，而是那些能對變化作出快速反應的物種。

物盡天擇，適者生存。

- 達爾文 -

170

第 14 章
Chapter Fourteen

宇宙大爆炸和黑洞
The Big Bang and the Black Hole

問題和討論

1. 大爆炸和黑洞的本質是什麼?

2. 宇宙週期演化的過程是怎樣的? 開放的，還是封閉的?

3. 天體是怎樣繁殖的?

4. 我們的宇宙之外是否還有宇宙? 什麼是廣宇宙圖景?

5. 時間和空間是否會發生斷裂?

一. 引言

　宇宙大爆炸和黑洞理論又從另一角度為宇宙法則 "."、"1"、"o"原理提供了明證。

　大爆炸前的宇宙中心是"."；大爆炸是為了提高能級、擴展空間，是"1"；當大爆炸擴張到某一空間後，內能全部耗盡，停止澎脹，進而停在某一能級上變成"o"。當擴散後的外部死亡，中心活轉後，中心引力將外部物質全部吸回本身，完成循環，每一次循環，"."智慧升一級。

二. 目前大爆炸和黑洞理論

　目前的大爆炸理論認為，宇宙是從溫度和密度都極高的狀態下，由一次大爆炸產生，時間是大約在 140~200億年前，現在仍然在膨脹。為什麼會大爆炸不知道，什麼引起大爆炸不知道，為什麼溫度和密度都極高不知道。

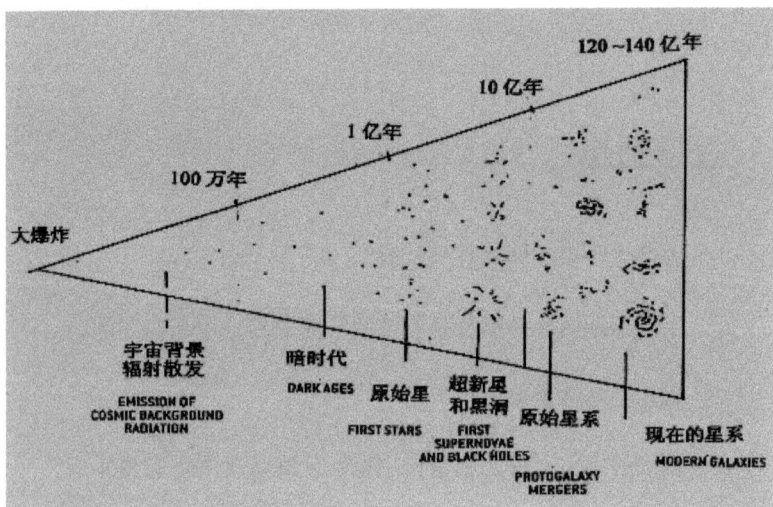

圖 14-1 　　大爆炸

黑洞是從牛頓和愛因斯坦理論推出的一種特殊天體，它的引力強大的沒有任何東西可從它身上逃逸，甚至光綫也不例外。

目前黑洞理論認為：

1) 黑洞是從大質量的恒星"死亡"中產生，或存在於星系中心。

2) 還不清楚暗物質和黑洞的關係，有說所有看不見的星體都叫暗物質，黑洞也在其中。

3) 黑洞通常被說成是一個隻吃不吐的怪物，有一天，宇宙中的所有物質都會被它吃掉。但由於與觀測事實不符，後來又提出白洞理論或有熱能從黑洞散出，抵消了黑洞只收不放的矛盾。

4) 從觀測上發現，許多質量巨大、引力超強的暗物質，理論無法解釋。

5) 黑洞是否有自轉還在爭議，其内部動力就更無法解釋。

圖 14-2　　　　黑洞

三. 生命智慧理論解釋黑洞和大爆炸

目前的科學為了避免神創宇宙，又走入另一極端，將宇宙萬物都看成死物體，比如一些專家說太陽是一死氣體球，但又說它有青年、中年和老年，這死氣球怎會有年令？

談到"黑洞"這個名詞，說它是不能發光的星球，從死亡中產生，但又說銀河系中心就是黑洞，好象銀河系中心是死的一樣，所以理論上遍佈自相矛盾。

為了不使他們的理論陷入絕境，又不得不搞一個暗能量、暗物質，儘管關於暗能量、暗物質的論文鋪天蓋地，但不知所云，只是在套繁瑣的數學公式，好象是公式在決定"黑洞"怎樣轉。

星體應當用生命和死亡來分別，而不是用發光、不發光來區分，比如地球不發光但是生命的。所以我們不按"黑洞"和"白洞"分，而是按"智洞"和"死洞"分。

"智洞"與"死洞"有本質的不同，"智洞"是有生命的，它有強大引力和自轉； 而"死洞"是無生命的、是死亡的，也沒有強大引力和自轉。"智洞"可發光、也可不發光，即"黑洞"和"白洞"都可能是"智洞"，但"死洞"一定不發光。

1. 大爆炸之前

宇宙在大爆炸之前，中心"."就是一個大暗洞，它充滿了生命智慧體，不能發光，我們叫它"智洞"。

宇宙中心是生命的，它不能發光，只是因為它沒有可用于發光的物質。我們前篇已述，太陽、深海魚發光是因為生命智慧體在中心操控造成的，如果太陽只有中心體，沒有表面氫元素，就不能發光；深海魚如果只有腦袋，沒有身體，也不能發光。這時的宇宙中心"智洞"，就是一個沒有身子的大腦袋。

2. 宇宙中心大爆炸

174

宇宙中心"智洞"是生命智慧體物質，所以它有生命週期，當它的生命週期快終結時，中心內能和外部引力維持的平衡被打破，巨大能量衝破腦殼急泄而出，這就是今天的大爆炸。所以大爆炸是宇宙中心生命智慧體死亡的過程，就象恒星死亡時的超新星爆發，同時也是誕生新生命智慧體的過程。大爆炸的目的是中心生命智慧體增加空間，增加智慧能級的手段。由於宇宙中心爆炸可生新生命智慧體，我們就叫它"母智洞"，爆炸後生的星體叫"子智洞"。

3. 大爆炸後如何

"母智洞"炸成一群質量大小不一的碎片物質，同時伴隨大量的光、熱能、氣體和塵埃。由於這些碎片質量仍然很大，也不能發光，我們叫它"子智洞"，它們是"母智洞"生的孩子。"母智洞"將大量生命智慧體轉移到"子智洞"身上，就象母親將遺傳基因給了孩子。大爆炸即是"母智洞"的死亡過程，也是"母智洞"的繁殖過程。

大爆炸不是將"母智洞"全部炸成烏有，而是中心留下一個質量不大但密度超高的死核，也不能發光，我們就叫它宇宙中心"母死洞"。因為它的生命智慧體物質急泄出了大部分，已無強大引力控制整個宇宙，所以目前宇宙的物質不受它控制，才不斷膨脹。

中心"母死洞"現在就如同死了一樣，無引力和自轉，也無電磁波發射出來，我們無法探測到它。但它將花非常慢長的時間，不斷吸收周圍爆炸後的物質，以增大其引力和自轉。

當中心自轉不斷加大時，意味著中心生命智慧體活轉回來，最後控制住"1"的膨脹，引力起作用。這時我們也能探測到宇宙中心的密集物質開始聚集，最終宇宙先變成扁盤旋型，象銀河系；再變成圓盤型，穩定一段時間後，等外部生命智慧體都變老年或死去時，中心生命智慧體才轉為收縮；收縮後再形成一個新的"母智洞"而完成一個大循環。

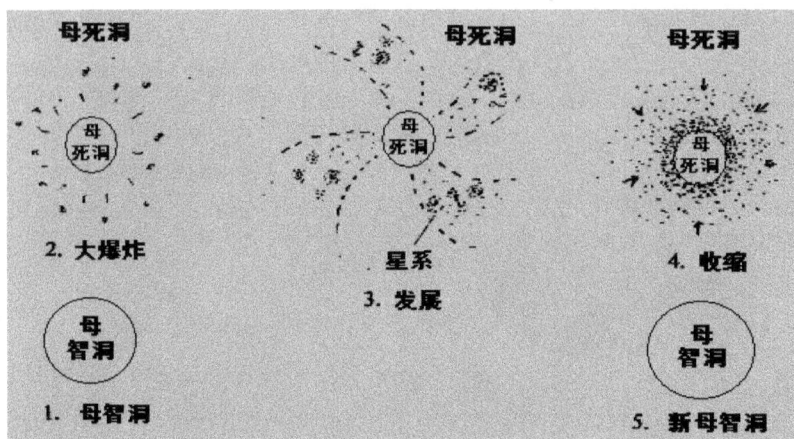

圖 14-3　　母智洞週期

接著是一個新的生命週期開始，"母智洞"生命週期完成後，再大爆炸，重複前一個循環。每一次循環，宇宙總質量可能不會增加很多，還有可能會失去些，比如附近有外宇宙的話，但"."的生命智慧量將增大。也就是說，宇宙中心將變的越來越聰明，所產生的物質世界形態將變的越來越多彩和完善。

從圖 14-3，我們的宇宙是處在第3發展階段上，星系有的地方很密集，有的地方很鬆散。密集區是星系團出現的有力證據，但目前科學還不知道星系團就是在本宇宙的旋臂上，我們的本宇宙有幾條旋臂，有待科學家進一步觀測證實。

總之，大爆炸是宇宙中心將能量和生命智慧擴散到整個宇宙，收縮是宇宙中心自我提高過程。

四.　天體的繁殖

1. 子智洞

176

"母智洞"爆炸後生的這群"子智洞"，就象剛從母體中生出的孩子，質量大且密度高，不能發光。由於是新生兒，它們引力大，自轉快，運動速度高。

　　從目前觀測到證據看，類星體就屬於這一類，它們質量大、密度高、運動速度快。它們能發光是因為已吸收了從　"母智洞"爆炸後的氣體和塵埃，有了輕物質作為它們的身體，如同太陽表面的輕物質。

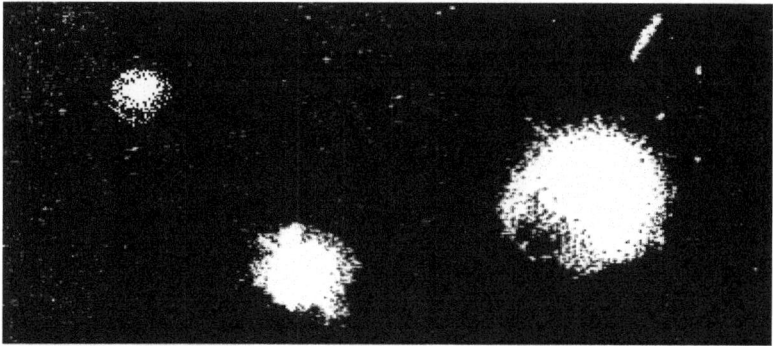

圖 14-4　　　　類星體

　　"子智洞"象它們的母親"母智洞"一樣，也進行一輪生命週期，當生命週期快終結時，再來個爆炸。這次爆炸威力比"母智洞"的大爆炸小，但比目前的超新星威力大，也生成一群"孫智洞"，而中心留下死核"子死洞"。

　　大部分觀測到的星系就屬於這一類，它們是類星體的哥哥。只因為"母智洞"爆炸後生的"子智洞"質量有大有小，星系的"子智洞"質量比類星體的大，演化快，先行進行了一次巨大爆炸，生成一群"孫智洞"，這群"孫智洞"　就是恒星的原核。

　　"子智洞"爆炸也釋放大量的熱量、氣體和塵埃，中心留下一個高密度和高質量的死核，這就是星系中心，我們叫它"子死洞"。

"子死洞"一開始也無強大引力和自轉，更無力控制物質從中心向外噴射，當花很長一段時間不斷吸收周圍的生命智慧體增大其引力和自轉後，最終控制住整個星系。這樣它由爆炸後的不規則，變成扁盤旋型，最後圓形，然後還是大塌縮。塌縮後的星體再進行一輪新週期後，又爆炸進行新的循環，就象"母智洞"一樣。

觀測證明了這一點，不規則星系最年輕，螺旋形次之，圓形星系中的恒星最古老，見第9章 圖 9-7。

總之，由於"母智洞"大爆炸所生的"子智洞"質量不同，造成了不同演化階段的星系、類星體。

2. 孫智洞

"孫智洞"就是恒星的原核，一開始也不能發光。後來它吸收了"子智洞"爆炸產生的氣體、塵埃和熱氣冷凝後形成的氫雲，這些物質圍繞在恒星的原核周圍，為恒星的形成創造了條件，當條件成熟時，就發出光來。

下面的故事就是恒星的一生，如太陽。恒星也是質量越大，演化越快，有的已進入老年成為白矮星，而質量小的才剛剛變成恒星。

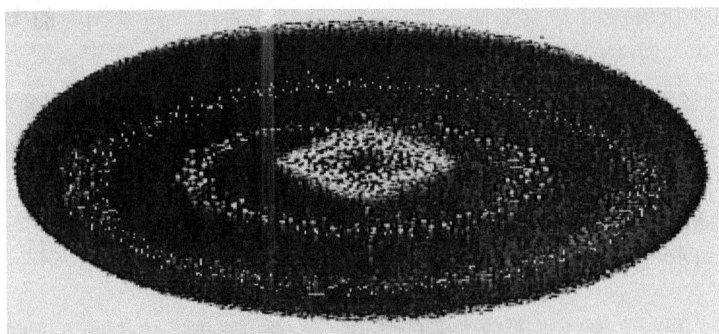

圖 14-5　　　恒星原核"孫智洞"不能發光

178

恒星到生命週期快終結時又再爆炸，這就是超新星。生命智慧體脫殼而出，爆炸生出更小的天體，這種天體就是脈衝星或中子星。不能生而直接死去的就是白矮星、黑矮星，質量大的是 "孫死洞"。我們對恒星的瞭解已經很完善，見第九章 圖 9-5。

3. 曾孫智洞

脈衝星或中子星是恒星的兒子，也叫 "曾孫智洞"，因為年輕，所以有高速的自轉和強大的引力。

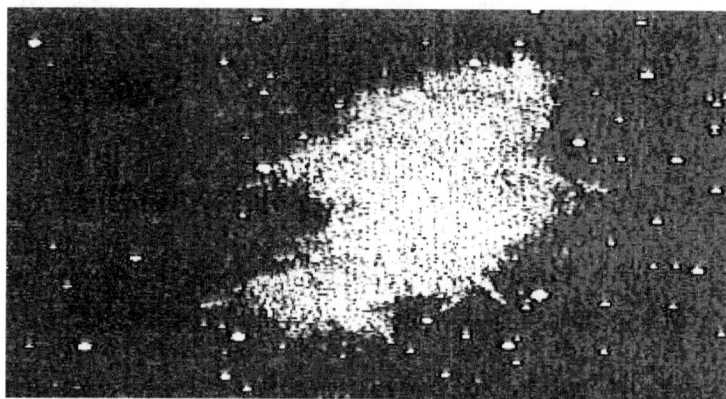

圖 14-6   蟹狀星雲中的脈衝星

脈衝星將來可能會吸附爆炸後的氣體塵埃和物質碎片，形成象太陽這樣的恒星。不過它要花比太陽更長的時間，因為太陽是從 "子智洞" 的爆炸產生，而脈衝星是從 "孫智洞" 爆炸產生。

五. 總結

一個大智洞的死亡就是一群小智洞的誕生，小智洞的死亡就是一群更小智洞的誕生，這就是星體生命智慧體在繁殖子孫。與地球生物繁殖有點相似，爆炸過程就是女人生孩子那一刻的劇痛過程。

女人在經歷分娩劇痛後，通常有一段很長時間的憂鬱期，稱為產後憂鬱期，時間持續從幾個月到幾年不等。報紙上時常有報導，女人在這段時間有自殺傾向，有時甚至殺死自己的孩子。這同天體大爆炸生出新生命智體後，本體傾向死亡有關，而爆炸波向外持續推動的數月到數年間，其本體都有劇烈的振盪。

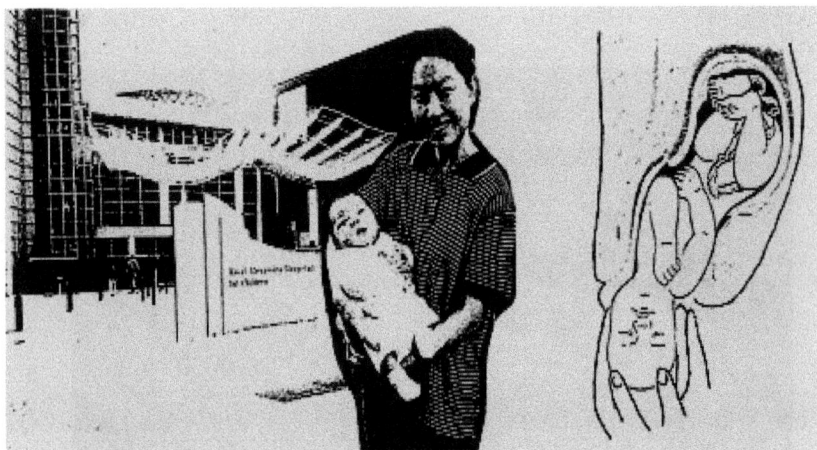

圖 14-7   女人分娩時的劇痛

另外，在地球人類的歷史上，能看到幾次超新星爆炸（ 或恒星的爆炸 ）已是不容易，我們幾乎看不到星系的爆炸（ 或"子智洞"爆炸 ），因為人類歷史與宇宙時間相比真是太短了。

我們的宇宙之外是否還有宇宙呢？當然是了，它們都處於不同的演化階段上。

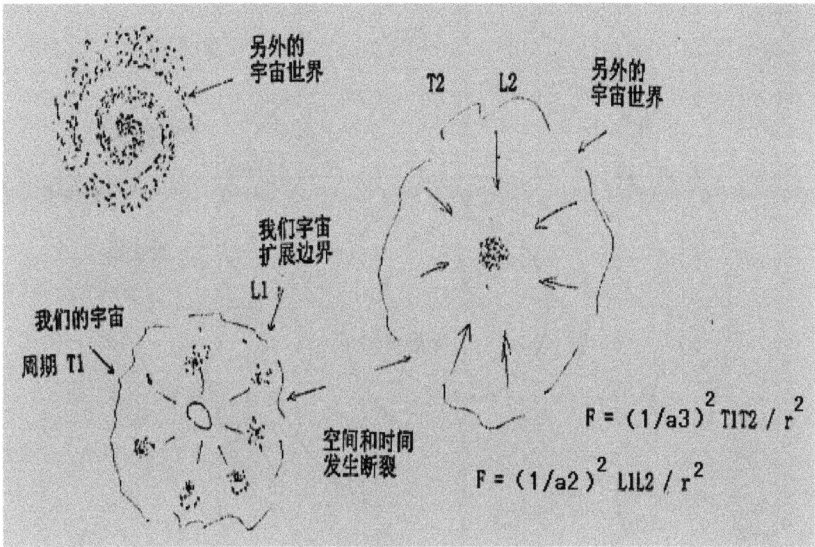

圖 14-8(1)　　我們的宇宙世界和外宇宙世界

不同的宇宙有不同的邊界或勢力範圍，擴展遠的宇宙中心能量大，就象大國家和小國家。

有的小宇宙擴展的外層物質被其他宇宙吸去，中心體不能收縮，而變成超級黑洞，在理論上是開放宇宙概念。有時，一些邊緣物質會受來自不同宇宙的力而聚集在新的地方形成新宇宙中心，這在理論上是再生宇宙概念。

我們目前的物理定律在我們宇宙之外或兩宇宙之間將失效，因為那裏沒有時間，空間發生斷裂，可見這些物理定律的局限性。高能粒子可能有來自另一宇宙的資訊，因為不同的宇宙就象不同的樹，只有樹葉才能漂到其他樹幹上。

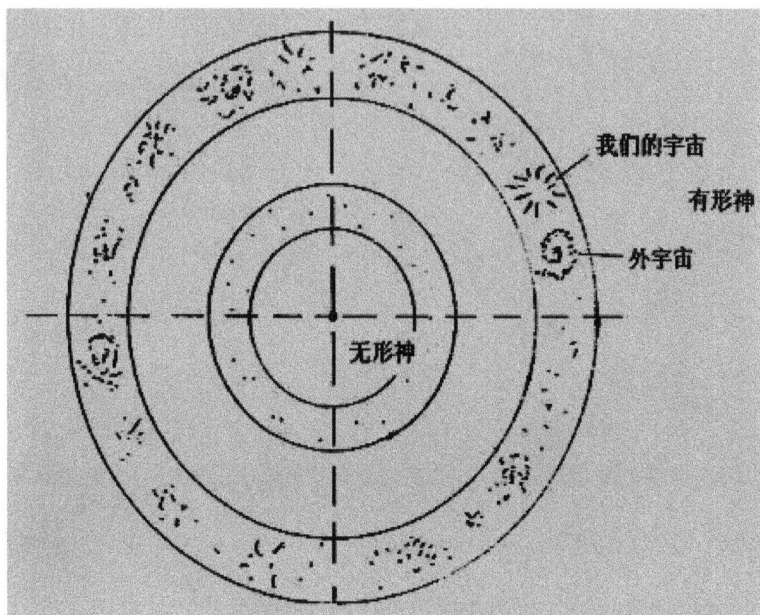

圖 14-8（2）　　　　廣宇宙圖景（David 葉先生建議）

　　David 葉晉輝先生建議一個廣宇宙圖景，呈能級結構，中心為無形，外部為有形。科學家把望遠鏡能看到的有形天體歸為科學，看不到的無形天體歸為幻想和迷信。

　　中國道學家老子說："反者道之動，弱者道之用。天下萬物生於有，有生於無"。二千年前古人已想到此，真令人讚歎！由此可見，宇宙法則"．"、"1"、"o"深藏於每一個人的頭腦中，你可以根據它想像宇宙模型，如穩恒態宇宙（"o"）、開放態宇宙（"1"）、收縮態宇宙（"．"）盡在其中。

　　多麼神奇，有生命的天體會象人一樣懂得繁殖，也懂得利用爆炸來擴展空間，增加能級，它們都比人類壽命長，它們的模樣是否就是神的模樣呢？不是的。宇宙之神只是給出了一個法則，并沒有給萬物一個固定的模樣。按照這個法則就長壽，不按這個法則就短命，所以天體大都是圓形，沒有怪形狀的。如果有，如小行星，會短命并容易被其他天體吃掉。

　　而地球上的動、植物都是長形，意味著它們在發展中，將來也一定會被壓成圓形。在動物世界裏，龜是地球上最長命的動物之一，看看他們的形狀就知道了。

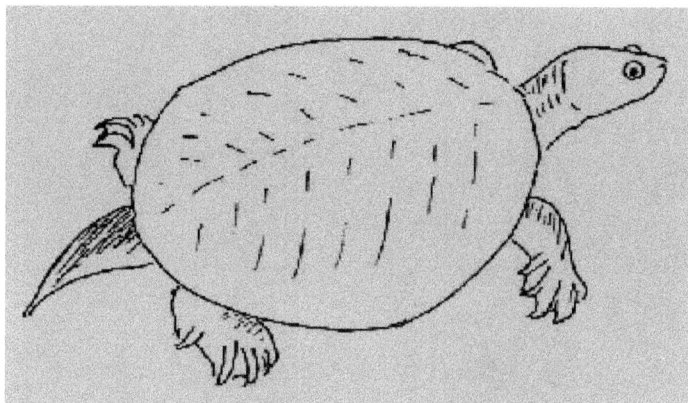

圖 14-8（3）　　　龜長壽之謎有待揭開

　　圓龜能長壽又給科學家提出了另外一個問題，他們用物理的液滴方法去解釋圓形天體是否正確，他們是否又忽視了一個重要的問題 ------　生命的智慧。

前人的評論：

　　我的人生哲學是工作，我要揭示大自然的奧秘，并以此為人類造福。在世上這短暫的一生中，我不知還有比這服務更好的什麼了。

　　　　　　　　　　　　　　　　　　　　　－ 愛迪生 －

第III部分
社會科學

Section three:
("0")
Social Sciences

有詩為證：

卵子具有圓容性，獨具眼光不一般。
管理國家數女性，絕少腐敗和爭戰。
社會穩定國民富，永保和平天下安。

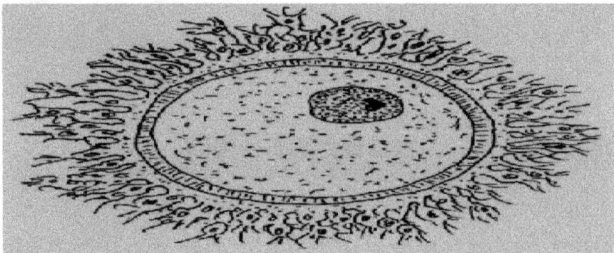

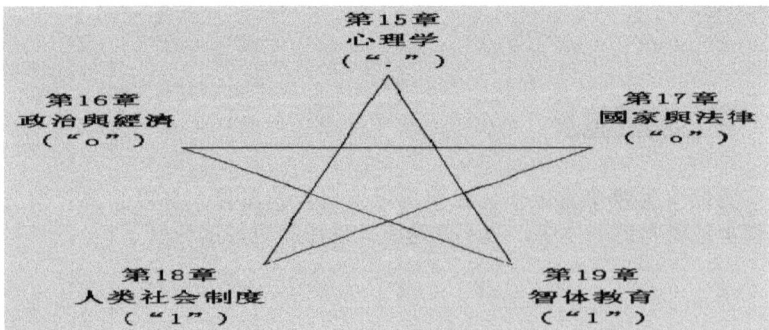

第15章
心理学
(".")

第16章
政治與經濟
("0")

第17章
國家與法律
("0")

第18章
人类社会制度
("1")

第19章
智体教育
("1")

第 15 章
Chapter Fifteen

心理學
Psychology

問題和討論

1. 為什麼說心理學與自然科學、社會科學和生命智慧科學混成一體？

2. 什麼是心理學的 "." 分析、"1" 分析、"o" 分析？

3. 什麼是 "本我"、"自我" 和 "超我" 的本質？

4. 什麼是 "人格" 和 "性格" 的本質？

5. 個體心理和群體心理是怎樣相互作用的？

一. 引言

心理學是研究人類行為的科學，也是聯結自然科學（"1"）和社會科學（"o"）的紐帶，又與生命智慧科學（"."）混成一體。

心理學的起源最早可追溯至遠古時代的迷信心理，可以說自從有了人類就有了心理學，但見諸於文字則在後來的東方、古希臘和古羅馬的哲學、宗教經典上。這從蘇格拉底（Socrates 西元前 469 - 前 399 年）、柏拉圖（Plato 西元前 427 - 前 347 年）、亞里士多德（Aristotle 西元前 384 - 前 322 年）、孔子和老子等人的著作中出現大量心理學的成份而得到驗證。

近代，受精神學、生物學、生理學、物理學等現代科技的影響，心理學這門古老的學科又有了進一步的成熟和發展。

但不管心理學怎樣千變萬化，理論如何煩瑣、複雜，方法如何專業、精確，但實質都不離宇宙法則，即"."、"1"、"o"法則。

二. 心理學的"."、"1"、"o"分析

1. "." 分析

心理學的"."分析是從人的生命智慧本身進行分析，如感覺、知覺、記憶、情緒、性格、能力、意志和氣質等……，最早的理論分析是從生物學、生理學和精神病學等方面開始的。

1895 年，佛洛伊德出版"歇斯底里研究"，打開了精神分析的大門。之後，他在分析大量精神病案例的基礎上得出結論，即"性"的問題對精神症的發生起重要作用。看看當前許多青年自殺是圍繞著戀愛、婚姻和家庭，就不難理解兩性的重要性。兩性是生命的根源，人類都是由性產生，性是從人的生命智慧中直接分出的"1"與"o"，當然非常重要。

之後，佛洛伊德在"夢的解析"一書中，又用"性"的觀點解釋各種夢的案例。1923 年，佛洛伊德發表"自我和本我"，將精神、心理結構分

186

為"本我、自我、超我"三個層次，由此奠定了當代心理學基礎。看看他是怎樣描述"本我、自我、超我"的。

本我（Id）：指的是生物或生理學的、本能的東西，缺乏論理性，只是尋求滿足，也無視社會價值存在。

自我（Ego）：指的是和理性有一定區別，與衝動的本我對立，有一定的評價、鑒別和控制力。

超我（Superego）：指的是有效的監督自我，擁有道德良心，也能夠自我觀察、努力向上、自我理想的理念。

如果你不是研究心理的專業人士，你一定不懂他講的是什麼。我舉個例子，有一個政府官員有很大權利，很多人想用金錢、美女賄賂他，此官員的"本我"淺意識地很想要金錢和美女；但"自我"又在提醒他，這樣做會犯罪、關進監獄；而"超我"的正義感和道德感反而促使他反告有人行賄政府官員。

通過這個例子我們可以認識到，佛洛伊德所說精神和心理上的"本我"就是宇宙法則的"."；"自我"就是"o"；"超我"就是"1"，但由於是專業表達，就寫成這個樣子。實際上，"本我、自我、超我"本身又有"實"和"虛"，"虛"是用心理或夢實現；"實"是用行動實現。

為什麼只能有這三個"我"，不能寫出更多的"我"呢？這就是宇宙法則"."、"1"、"o"在佛洛伊德的心理上作怪了。作為心理學家，佛洛伊德懂得為什麼嗎？他當然沒說。但他內心裏也暗暗體會到，就是再寫出更多的"我"，也會并入"本我、自我和超我"。

我們第一章已述，"."、"1"、"o"看起來簡單，但哲理極深。古今中外不知有多少哲學家、思想家想用自己的語言和方法解釋宇宙法則，書寫的文字、起的名字何止百萬、千萬，有些人竭盡心力從專業上寫出來了，但多數人不懂或稀裏糊塗。

佛洛伊德盡其一生對生命智慧心理學的研究，又為宇宙法則提供了強有力的素材，更充分證明"."、"1"、"o"是一個來自人的心靈、又高度抽象的法則。

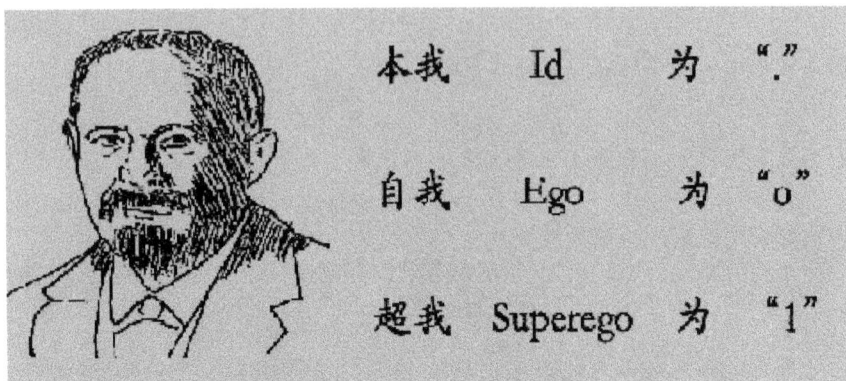

本我　Id　为　"．"

自我　Ego　为　"o"

超我　Superego　为　"1"

圖 15-1　佛洛伊德　Freud, Sigmund（1856 - 1939）

2. "o" 分析

由於佛洛伊德過份地強調"性"在心理學上的作用，也就是生命智慧的本體作用，他的學生或合作者相繼與其觀點不同而最終決裂，榮格就是其中之一。因為人們認識到，人類行為不僅是由個體性欲支配，還與社會經濟因素、教育背景等有關，這就是社會心理問題，也是"o"分析。

社會心理方面的著作、論文也很多，單看這些書也會被繞得發昏和吐血，不要說寫出一個字。雖然它們內容龐雜，但觀點仍不離心理的社會性、團體行為、從眾行為、人際關係、社會趨勢和標準化、……等，這些一看就要壓你變"o"的理論，是孔子幾千年來被尊崇的原因。

3. "1" 分析

心理學的"1"分析主要是從探索方面進行分析，這主要表現在人的自覺心理、主觀能動性、認知性、計劃性、目的性、預見性和創造性等方面。

188

馬克思和恩格斯在這方面有許多精確的闡述，這是因為他們想突破社會舊階層（"o"）而進行革命（"1"）。如他們認為："人類從古至今都是利用自己的體力和智力反作用於自然界和社會現實（小"o"），同時用自然界的元素創造世界上沒有的東西（"1"），並不斷開拓新生活領域（大"o"）"。簡單地說，這句話就是小"o"通過"1"變大"o"的過程。

雖然馬克思和恩格斯在社會制度有些問題的分析上多出於幻想和不完善，這也是時代的限制，但他們在哲學和心理學的"1"分析上還是很正確的。這進一步說明他們想打破舊世界（小"o"），創造新世界（大"o"）的革命決心。可他們萬萬沒想到，他們努力一生發展的理論和想創造的新世界到如今又落後了，因為社會體制和人類社會要求不斷地更新、發展和進步。

三. "."、"1"、"o"的層次分析

為了進一步說明"."、"1"、"o"在人心理上的作用和影響，我再引用其他一些例子。

1. 性格和氣質

氣質或性格是個體心理學的動力特徵，也是個古老的概念，最早見於古希臘的醫學家希波克拉底（Hippocrates西元前 460 - 377 年）的著作，後來羅馬醫生兼哲學家加倫（Galen 129 - 199 年）將氣質簡化為四類：粘液、黑膽汁、黃膽汁、血液。進一步，古醫學家又將氣質分成多血質、膽汁質、粘液質和抑鬱質，並認為氣質是某種體液佔優勢的結果。

多血質：具熱情愉快、朝氣好動、喜歡交往、興趣易換、情緒善變等特點。
膽計質：具反應迅速、精力旺盛、坦率剛直、脾氣急躁、情緒衝動等特點。

粘液質：具穩重沉靜、動作緩慢、情感淡漠、注意穩定、忍耐力強等特點。

抑鬱質 ：具情感深刻、善察細節、外表溫柔、憂鬱愁苦、孤芳自賞等特點。

人性格的這四種特徵，古代醫學和現代醫學家作了大量地研究，但仍然不得其解。目前主要的解釋有陰陽五行說、體液說、體型說、激素說、內分泌說、以及交感神經說等。蘇聯科學家巴甫洛夫對神經學的研究，認為性格是細胞的刺激造成一種強弱的變化和條件反射。

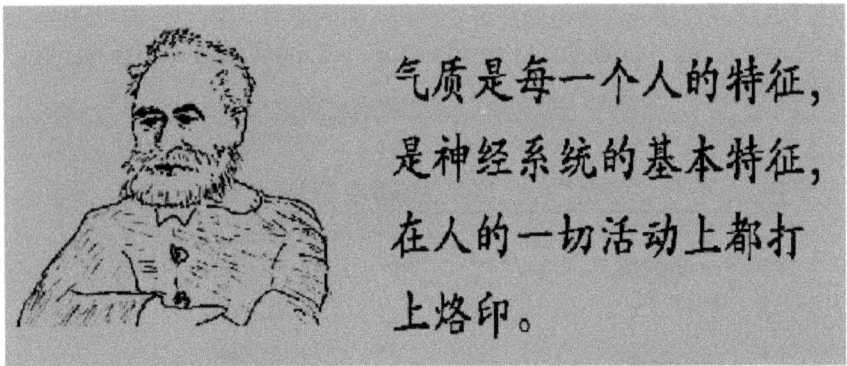

气质是每一个人的特征，是神经系统的基本特征，在人的一切活动上都打上烙印。

圖 15-2　　巴甫洛夫　Pavlov, I.P.（1849 － 1936）

可這條件反射為什麼造成規律的強弱和不同層次的四種性格，而不是八種十種？又為什麼這些性格具有“．”、“1”、“o”性就解釋不清。而實際上，大部分人的性格是居中，就是介於多血質、膽汁質和粘液質、抑鬱質中間，也稱“普通質”。

從宇宙法則，多血質呈“1”型；膽汁質呈“1”、“o”的過渡型；普通質呈“o”型；粘液質呈“o”、“．”的過渡型；抑鬱質呈“．”型。因此，多血質人多是理論型人，普通質人多是社會型人、抑鬱質人多是宗教型人。男人偏多血質和膽汁質，正因為他們是“1”；而女人偏粘液質和抑鬱質，只因為他們是“o”等……，這些特徵一一對應了宇宙法則。

法則說	体液說	神經說	内分泌說	思想說	人格說	性別說	体型說	地理說	血型說
(1)	多血质	条件反射强	甲状腺分泌多	理论型	人格外倾	男人偏多	高人偏多	欧洲人偏多	o型
(1 & o)	胆计质								
(o)	普通质	正常	正常	社会型	中间	正常	正常	正常	A或B型
(. & o)	粘液质								
(.)	抑郁质	条件反射弱	甲状腺分泌少	宗教型	人格内倾	女人偏多	矮人偏多	亚洲人偏多	AB型

圖 15-3   從 "."、"1"、"o" 法則分出的性格表像和學說。

2. 需求層次

美國心理學家、哲學家馬斯洛 (Maslow, A. H. 1908 – 1970) 將人的行為動力分成五類，從基本的生理滿足到高層次的自我實現。

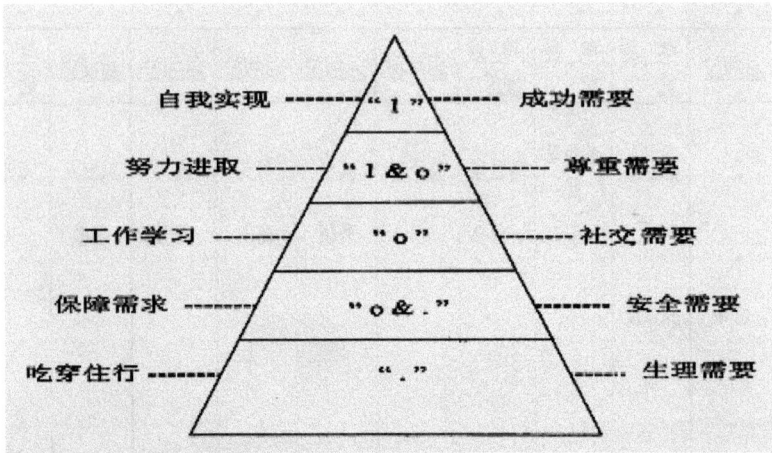

圖 15-4　　　需要金字塔

　　生理需要是人類的基本需要，如吃、穿、住等，為"."；安全需要是"."向"o"的過渡，如工作、生活和生病保障等；社交需要為"o"，如同伴、同事之間相互融洽、友誼、愛情、關懷等；尊重需要為"o"向"1"的過渡，是自己的能力和成就希望社會承認；成功需要為"1"，是個人的理想報負得到實現和突破。在人類社會中，真正能達到這一級的人很少，就象能離開地球的人很少一樣。

　　人類的心理需要正因為受控於"."、"1"、"o"法則，所以才有了這五種需要。馬斯洛的需求理論又一次給"."、"1"、"o"法則提供了範例，它也是個體向群體（社會）的反映。

四. 心理学的"1"和"o"相互作用

1. 個體心理學

　　從上看出，個體人精神層面的"."（本我）、"o"（自我）和"1"（超我）造成了人的性格和心理需求，也造成了人類面部的三個主要表情，如憂愁（"."）、憤怒（"1"）和喜樂（"o"）變化。

192

但如果表現在一對夫妻、一個家庭裏，情況將是怎樣的呢？

第一章說，男人是"1"、女人是"o"，這是一對矛盾，但他們本身又有實與虛和"."、"1"、"o"心理，這種交叉互動、平衡變化正是家庭成員的美滿、和睦、爭吵、打架、甚至離婚的關鍵，也是市面上大量婚姻、家庭心理學書的基礎。這些書中所羅列的大量事實，如男女關係、夫妻關係、家庭關係、同事關係等，無一例外地一一驗證了宇宙法則"."、"1"、"o"的正確。

圖 15-5　　婚姻和家庭

2.　群體心理學

1) 群體對群體

前面講了，一個國家有政府、人民和國土，這是一個"."、"1"、"o"的關係，缺一不可。但人民本身又有"1"和"o"的社會心理，他們要伸展"1"就會與政府要保持的"o"矛盾。

我們舉個例子，中國的孔子創造了儒家學說，這個學說的本質就是一個"o"學說，它要人們"克己復禮"，也就是克制自己，老老實實地服從統治階級的統治。這儒家學說的缺點是不分好壞，一律將統治者當父，他就是大惡人、大奸人、殺人如麻也要忠君報國。因此，歷史上多次出現大規模地反孔、反儒運動，如最早有秦朝的焚書坑儒，……，近代有太平天國、批林批孔，整個社會出現如此這般對孔子又愛又恨的心理實非尋常。

我們還注意到，每當歷史上草民要暴亂，想推翻統治者，或統治者想掃清異己、剷除政敵時，就罵孔、貶孔。因為孔子的"o"學實在礙事，阻擋了他們的越規（"1"）行為。

除了打壓、貶低孔子，還要尋找"1"理論支持他們的行為，如農民陳勝、吳廣起義就大喊："帝王將相可有種乎！"，翻譯成宇宙法則就是："舊'.'要換了"；宗教領袖黃巢講"蒼天己死，黃天當立"，就是"舊'o'已死、新'o'當立"；官吏宋江講"替天行道"就是："按宇宙法則辦"。另外還有大大小小的如太平天國的"拜上帝會"，近代革命理論……等，只要能拿來當劍（"1"）用的，管它採取什麼形式和說法。學潮、學運也好；祭英雄、拜上帝也好；獻花、作詩，甚至連氣功、邪教都能拿來用……。

每當天下太平、安定，大規模地尊孔、敬佛開始。大修孔廟，廣建佛寺，一派繁忙景象。新統治者推翻了舊統治者，用不著"1"理論了，就一腳踢開，開始用"o"理論。可憐這孔廟、佛寺建了毀、毀了建，完全隨著社會群體的心理上下波動。只是國家受這番折騰著實受傷不輕，勞民傷財不說，文化古跡也被大肆破壞。

特別是亞洲國家，民風偏 "o"，統治者易統治，但自然也壓的利害，一但暴亂，長期壓制的內心就如火山噴發，破壞力極大，如中國秦朝末年的農民大起義和火燒阿房宮就是一個典型的例子。

相反，中東人心理偏"."，民風對統治者就象神一樣崇拜，所以宗教國家居多，他們的反抗通常以自殺炸彈式的個體反抗為主，表示玉石俱焚的心態。歐洲人民風偏"1"，還沒有大暴動跡象時，就已上街抗議、示威了，迫使政府讓步的結果反而使對立得到緩和。

孔子不過是一個學者，他的學說能如此帶動社會群體，正反映了它代表著人類群體的"."、"1"、"o"心理相互作用，也同時驗證了宇宙法則的正確性。

194

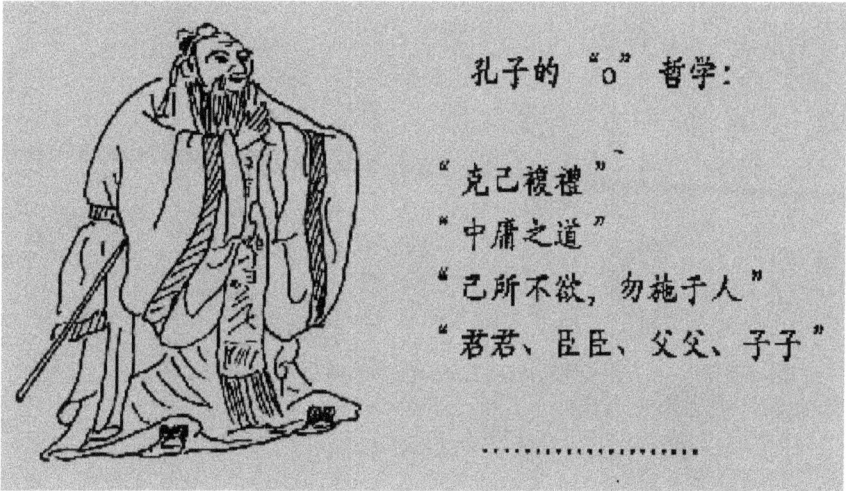

孔子的 "o" 哲学：

"克己複禮"
"中庸之道"
"己所不欲，勿施于人"
"君君、臣臣、父父、子子"

圖 15-6   孔子 Confucius（西元前 551 － 前 479 年）

只是毛澤東有點奇怪，他本應乘社會紛亂的第一次、第二次世界大戰結束，人民需要穩定、修養生息，及時推出 "o" 理論，象中國古代漢朝和唐朝初期的 "文景之治" 和 "貞觀之治" 一樣，戰後發展生產、改善人民生活。如果這樣，就真象他的詩中所寫："秦皇漢武略疏文采，唐宗宋祖稍遜風騷" 了。可他反而大搞階級鬥爭、人鬥人、人整人、文化大革命，違反宇宙法則的結果是不斷加劇人間悲劇和社會動盪。

到如今中國才認識到，馬克思革命理論是一種變革理論，只能用在打江山，不能用在坐江山，所以孔子、佛家理論再受重視，孔廟、佛寺香火又盛。只是受左的長期影響，冤案積多，民心疲憊，儘管政府不斷強調法制和反腐，但國內外仍雲集大量變法革新派。

革新派也分 "."、"1"、"o"，有人是要推翻政府 "."；有人是要政府反腐敗維持穩定 "o"；有人只是希望政府進一步改革 "1"。

毛澤東的 "1" 哲學

革命不是請客吃飯，不是做文章，
不是繪畫繡花，不能那樣雅緻，那樣
從容不迫，文質彬彬，那樣溫良恭儉讓。
革命是暴動，是一個階級推翻另一個
階級的暴烈的行動。

圖 15-7　　　毛澤東 Mao Zedong（1893 － 1976）

　　實際上，群體心裏是隨社會的發展呈 "."、 "1"、 "o" 流動的，當一個國家法律健全、向進步發展時，人才回流或向進步勢力聚集，反對派也會向支持派轉變，原來最激進的推翻政府派也會變成希望政府進一步的改革派。如果國家向落後倒退，支持派會不斷倒向反對派，原來的反對派就變的更激進，不斷聚集的反對能量會帶動整個社會變動盪。

2）群體對個體

　　正因為社會群體的 "."、 "1"、 "o" 心理的影響，從而使個體心理的 "本我"（ "."）、 "自我"（ "o"）、 "超我"（ "1"）交互變化。我們舉個例子，每當社會不穩，個體心理的 "本我"（ "."）就開始占主要支配地位， "虛和實" 相加就更增加其能量，由此造成社會上的強姦、搶劫、燒殺、偷竊、貪官污吏大增，監獄罪犯爆滿。他們的心理自然是乘國家群體的 "o" 不穩，無法律可依，個人大撈一把，其後果是死犯增多、草菅人命。

　　每當社會穩定、國泰民安、法律健全、自然祥和之時，個體心理的 "本我"（ "."）被壓， "自我"（ "o"）和 "超我"（ "1"）就占主要支配地位。人人尊紀守法、講究人格尊嚴、路不拾遺、夜不閉戶也不奇怪，結果是監獄罪犯寥寥無幾，死刑也不得不被取消。據史料記載，唐太宗時，全國的囚犯只有 28 人。

196

五. 總結

對國家的種子 ------ 統治者來說，任何政策和決定都牽動著整個樹枝和樹葉的波動，即對國家和民眾產生重大影響。有時一句話就能看出一個政府的智慧，比如"党的利益高於生命"，強調"."；"穩定壓倒一切"，強調"o"；還是"以民為本"，強調"1"，這是根本不同的國策和進步。

由於心理學發展時間比較早，這方面的經驗、例子和研究比較多，人們也容易理解，本章只是將雜亂的頭緒系統化，再將宇宙法則向上罩一下就可觀全貌了。反而許多新型學科，發展還不完善，很難分析，有的剛剛有個"."，如什麼仿生學、……。等它們發展幾百年，有了地基、牆和構架，然後就站在屋頂上，用"."、"1"、"o"法則這個尺量一下，完善的就說這屋蓋的不錯，不完善的就知道哪里少柱子和磚。

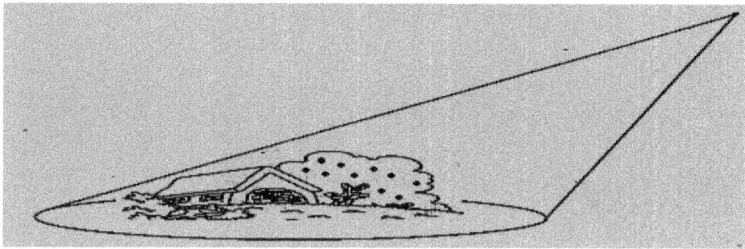

圖 15-8　　　罩要鏡

前人的評論：

世界上最寬闊的是海洋，比海洋更寬闊是天空，比天空還要寬闊的是人的心靈。

人的智慧掌握著三把鑰匙：一把開啟數學，一把開啟字母，一把開啟音符。知識、思想、幻想就在其中。

－　雨果　－

第 16 章
Chapter Sixteen

政治與經濟
The Politics and Economics

問題和討論

1. 政治和經濟系統怎樣表現宇宙法則?

2. 人類社會行為為什麼要遵循宇宙法則?

3. 什麼是"合久必分,分久必合"的本質?

4. 為什麼理想的體系是不斷產生和更新舊種子, 但又要保持舊體系的完整?

5. 為什麼資本積累就象一個水滴,不斷從中心點向外擴散?

一. 引言

幾千年來，許多傑出的哲學家、思想家和學者都在努力尋找一種表述社會科學或人類秩序的普遍法則，但一直未找到。而人類社會也在不斷的進行自身變革和探索，甚至採取激進的反抗或革命來促進一個普遍、完整和權威的法則發現。社會科學雖然不同於自然科學，看起來複雜和沒有實驗可做，但遵循的普遍法則是與自然科學是一樣的。

宇宙法則不但反映在自然科學上，也反映在社會科學上， 如經濟基礎和上層建築。具體的就是在政治學、經濟學上也遵循 ".\" 、 "1" 、 "o" 法則。

二. 政治

什麼是政治？ 政治屬於大的哲學範疇，也是一個系統，是整個社會系統的一部分。一般而言，政府的措施和制度都可看成是政治。

政治機器，如政黨，是一個等級森嚴、自上而下的組織。它可直下到街區或居民，聽取人民的呼聲，然後加以解決，最終換取人民的支持。

反映在宇宙法則上，則有政治首腦是 "."；政黨的各層組織是 "o"；黨員的擴張是 "1"。

對於國家來說，政治首腦變成國家首腦是 "."；政黨各層組織變成國家各級組織是 "o"；黨員擴大成人民是 "1"。

1. 最高首腦 （ "." ）

一個國家政府的最高首腦是總統或其他什麼名子，他就是這個國家的 "."。接下有個小 "o"，就是內閣成員。向外是議會 （ 參、眾兩院 ），再向外是各級組織、地方議會，由此建立全國網路 "o" 和 "1" 控制全國。

一般講，整個社會控制體系應當表現為穩定的"o"、發展的"1"，再穩定的大"o"、再發展的長"1"圖景。正象前面講的，水滴造成的不斷擴大的水波，而推動這一過程的正是"."總統。一個好的總統會穩定地推動這一過程，不好的總統會搞亂"o"和"1"的次序，使社會大亂。

　　由於最高首腦（"."）控制著整個國家，他希望整個國家的各層組織都象"o"一樣圍繞他轉，并聽從他的發號施令。如果有哪個傳媒批評或評論總統領導的不好，他當然不喜歡，就象樹的種子怎能容忍樹枝、樹葉報怨種子不好，造成枝子不直、葉子不茂呢。

　　最高首腦通常反過來認為樹葉不好，要的水和肥料太多，國民水平低，不好控制。壓制和控制的結果使本國傳媒沒有了真實報導，也使最高首腦（"."）失去了判斷，結果造成惡性循環。黑箱的愚民政策，導致外國的欺凌，直到關門自守。

　　看當今世界，有的國家越來越開放和富強；有的國家卻越來越封閉和虛弱，這都同最高首腦的政策有關呀！

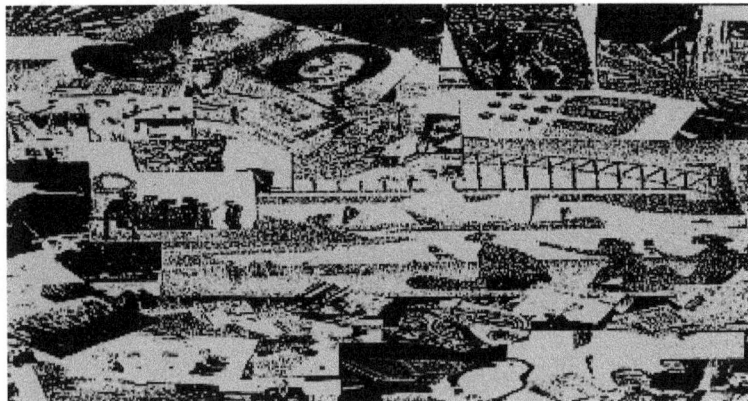

圖 16-1　　　報紙，雜誌和傳媒

2. 國家各級組織　（"o"）

200

國家各級組織是"o"。由於國家最高首腦至關重要，他的好壞決定一個國家的前途和命運，但最高首腦不可能沒有生老病死或永遠英明正確，所以尋找新"."是推動社會進步和發展的關鍵。

從目前人類社會和歷史發展看，選新"."有兩種方式。第一種是舊"."指定，第二種是由"o"和"1"的選舉，發展模式是交叉進行。如遠古時期的部族社會，通常是"o"和"1"的選舉；後來封建社會是國家舊君指定新君，如父傳子、子傳孫……；再後來又回到"o"和"1"的選舉。最先的所謂民主是由國家的內閣小"o"內定推舉產生（人民無選舉權）；再後擴大到大"o"議會選舉（人民有部分選舉權）；最後發展到舉國全民選舉。選舉的圈子"o"不斷由小變大，由近"."向遠延伸。而候選人也由親戚、朋友、上下級，發展到反對派、敵對勢力。

通常講，"o"越大而產生的新"."控制國家的能力越強，如同將弓拉的越長，其回力也越大。在自然界，"母智洞"爆炸將我們的宇宙空間推的越遠，其"."的控制能力越大，收縮後的"新母智洞"越智慧。親戚、朋友、上下級掌權要求嚴厲、兇狠的高壓政策，因為政治反對派太多，不這樣無法控制；反對派掌權自然敵人少一半，法律變的寬鬆，政治犯人也沒有了。因為反對派知道，一但不掌權，對立派會以其人之道，還至其人之身。

圖 16-2　　　議會選舉

未來某一時期，地球人類也許又會回到集權，因為每當一個大的社會變革開始，都會出現一些傑出人物，而此人物通常認為自己就是神，採取的統治手法也是集權手法。

　　特別是將來有外星或地球惡勢力突然進攻時，有時民主是一盤散沙和意見不一。由於軟弱無力，又投降派占多數，而被一一擊破，如第二次世界大戰前西方各國對德、意、日軸心國的態度，以及目前美國領導的多國部隊已看出這種跡象。如果最終地球人能獲勝，一定是一個國家或一個總統領導的泛地球國，這又成為一個高度集中的政體，它將採用高壓和高度集中統治地球，說如果不這樣地球惡勢力會重新回來，結果許多反對派都被劃成惡勢力了。而周圍星球的智人則成為鄰國，只是我們的"o"擴大了。

　　注意，泛地球國的條件是民族溶合，宗教溶合。到那時看，目前的各國選舉是浪費人力和物力。實際上，全球各國都變成區議會，只選一個聯合國主席就夠了。這正體現了中國古人所講的"合久必分，分久必合"；穩定（"o"）要求民主（"1"），動盪（"1"）又要求穩定（"o"）的"."、"1"、"o"規律。

　　順便提一下，我們宇宙目前的狀態是，"母智洞"生 "子智洞"；"子智洞"生"孫智洞"……，如同人類社會早期的皇帝傳兒子，兒子傳孫子 …… 的過程，我們叫這種模式為"繼承模式"。可見，我們的宇宙是處於一個早期發展階段。這種"繼承模式"，智慧能級變化提高不大，但很穩定的發展，不會有大的宇宙振盪，關鍵看"."的好壞。但只要一發生動盪，就是根本的動盪，甚至宇宙中心也會毀滅。

　　人類社會也是這樣，一但"繼承模式"動盪，整個社會將變成無政府、混亂狀態，戰爭和災難將橫掃整個社會。在人類的歷史上，這種例子數不勝數。

　　宇宙的下一個過程是爆炸後的收縮，然後再爆炸，我們叫它"週期模式"。舊"."由於"o"和"1"的回饋而成新 "."的過程，表現在人類社會是選舉"."。

202

圖 16-3　　皇帝 （ 清康熙 ）是 ""繼承模式"的 "."

　　自然界的動、植物也遵循這一法則，如早期的單細胞動、植物是用舊 "."生新 "."的單細胞繁殖， 發展到後來是用雌、雄（"o"和 "1"） 生新 "."。理想的體系是不斷產生和更新舊種子，在新種子進化的同時， 又要保持舊體系的完整，如目前的動、植物在不斷生果、產仔，但母體仍 不死亡。

(1)植物開花結果　　　　　(2)單細胞繁殖

圖 16-4　　　　 "." 繁殖到 "1"、 "o"繁殖

有的動、植物仍保有舊形式，就象有的國家仍保留皇族這一傳統形式一樣。

圖 16-5　　英國皇家伊莉莎白女皇

實際上，法則并不強加於哪個國家一定要按哪種模式，但穩定發展，再穩定、再發展是法則的總模式。正如前章所提到，法則不反對兩頭人，三頭蛇存在，只是這樣會痛苦和短命而已，僅此而已。人類社會只要遵循宇宙法則，理解它的神性，國家就會繁榮昌盛，反之就會貧窮，落後和戰爭。

3. 人民（"1"）

人民是"1"，他們要伸展。我們經常看到大街上有許多人群聚集，拿著標語牌喊來喊去，他們在幹什麼呢？聽聽他們的口號，無非是"和平、反戰、民主、自由、人權、加薪"之類。

"和平、反戰"是維持一個"o"的穩定，對政府來說是好事，政府理所當然應該歡迎；但"民主、自由、人權"則是要求政府開放言論、出版、集會自由；"加薪"是要求提高生活水平，有錢出外觀光、旅遊，以上不過是要伸展一下"1"，擴大一下"o"而已。這些基本要求，本符合宇宙法則不斷擴大的"o"和不斷伸展的"1"。

但有些政府（"."）不明所以，以為"o"和"1"是想要換"."，就拼命壓制和禁錮。但宇宙法則就是宇宙法則，誰能擋的住超新星爆發或宇宙大爆炸的向外擴張呢？壓的越緊，隨後的爆發力就越大。

政府如果理解這一點，只是簡單的向後退一退，給你們一個擴大的空間，而是在更廣的空間上疊起一個大"o"，你們能上到哪個能級，我就退到哪個能級，直到控制住"1"澎脹而達到穩定。恒星就懂得這一點，它老年時，控制不住內能的擴張，就將空間放大而成紅巨星，使後來的爆炸威力減弱。宇宙中心也是一樣，它在更廣的空間上疊起大"o"，最終控制住了整個宇宙，然後再轉為收縮。國家政府何不學一下有形神，反而逆法則而動呢！

圖 16-6　　　　**示威群眾**

中國戰國時代軍事家 ------- 孫子，在其兵法"軍事篇"中有雲：善用兵者，避其銳氣，擊其惰歸。

民眾本意并不想推翻政府，就象樹枝、樹葉怎想搞死種子呢。但如果舊種子老的不吃肥、不喝水，枝、葉就要枯黃，枝、葉不得不急忙結下新種子。

人類社會也一樣，如果政府不思更新發展、腐敗官僚，又一意孤行、強行壓制，甚至造炮烙、酒池、肉林泛殺無辜，民眾不得不反，這叫官逼民反。大規模的起義和革命爆發，其目的只是換個新"."而已。因此，當社會發展不斷要求更新換代，青出於藍而勝於藍之下，作為"."的政府，要不斷審視 "."、"1"、"o"的關係，不斷提高自己，作出新的政策，包括一些已發達的國家，這樣給樹葉充足的養分，順應民意，才能達到社會的穩定和發展。

三. 經濟

經濟學是一門古老的學科，最早始自 1776 年亞當斯密（Adam, Smith 1723 - 1790）的著作"國民財富的性質和原因的研究"，後李嘉圖（Ricardo, David 1772 - 1823）、馬克思（Marx, Karl 1818 - 1883）、馬歇爾（Marshall, Alfred 1842 - 1924）和凱恩斯（Keynes, J.M. 1883 - 1946）等人，分別在他們的著作中，對經濟學原理和理論作了全面的分析和總結，完全闡述他們的思想就是十本書也寫不完。但如果將他們的主要思想從書中抽出來，其實質清而易見，只不過是簡單的"."、"1"、"o"過程而已。

我們舉個例子，馬克思的一生時間都在研究"資本論"，而"資本論"的一個主要基本理論是剩餘價值理論，此理論的本質是資本的原始積累"o"要擴大所採取的措施而已。實際上，剩餘價值就是小"o"變成大"o"的中間增長部分，一個企業不創造利潤就等於死亡，宇宙中心不爆炸何來人類呢？

另外，經濟學原理中的進出口貿易也象人的移民一樣，是商品的遷移，是一條向外伸展的"1"，各種關稅壁壘，則是一層層擋住"1"前進的"o"。

因此，經濟活動和資本的積累就像是一個小水滴落到水裏，向外"．"、"1"、"o"擴散。創造多少新名詞，用多厚的書解釋都離不開這一簡單而永恆的法則。

經濟是一個國家命脈，也是資本系統，簡單的說就是 "錢"的科學。我們前面講了，錢是一種能量，可造成好事，也可造成壞事，與時間呈週期性變化。

經濟學同政治學常常連在一起，主要是因為政府 （"．"）既利用政治系統，也利用經濟手段控制整個國家。

很早以前，大多數國家是通過政治影響經濟的，因為皇帝控制整個國家政治和經濟命脈。而目前，大部分國家是通過國家儲備銀行或中央銀行來調控國家經濟的。

從這一點上看，經濟的法則變成，國家儲備銀行是"．"；各層銀行組織、各大小公司是圍繞國家儲備銀行的"o"；而投資資金是"1"。

1. 國家儲備銀行或中央銀行 （ "．"）

雖然政府也對國家儲備銀行或中央銀行進行控制，但國家儲備銀行或中央銀行是執行機構，從經濟角度看它是 "．"。它可通過各種方法調控國家經濟，如利用加息和減息來調控"o"和"1"的關係。

當加息時，各公司和小生意的貸款利率提高，投資資金回報率降低，"o"的投資規模變小，資金流動速度減慢，或叫"1"的伸展速度變慢。當減息時，與以上相反，投資資金流動速度加快，經濟投資規模變大或更活躍。

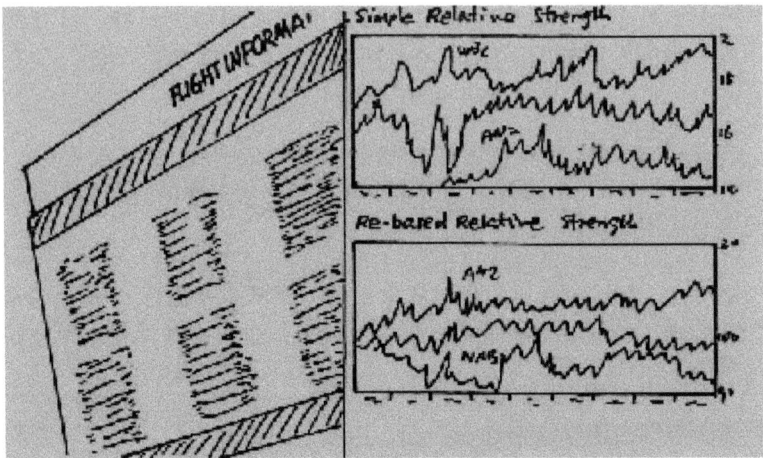

圖 16-7　　　　金融市場

2. 公司和企業　（"o"）

國家大大小小的公司和企業就象一層層 "o" 一樣圍繞著中央銀行，它們將每天的營業額存放到銀行，中央銀行因而清楚的知道這些公司的運作情況。政府稅務部門也通過中央銀行對這些公司進行監控，如報稅和罰款。同時，國家大大小小的公司也將國家目前的經濟氣候、投資環境、貿易順、逆差等，自動回饋到中央銀行并影響政府的決定。

3. 資金　（"1"）

資金或資本是 "1"，它應當表現為不斷增長，不斷向外延伸和擴散的。大眾的資金流向也會導致地區的發展不平衡，并影響中央銀行的決定，比如，目前大眾都將金錢投入到股市，那說明股市一定過熱；如果大眾都將金錢投入到房地產，又說明房地產過熱。普通百姓通常是一陣風，他們到哪里，哪里就過熱。

資金不但在本國投資，還伸向了國外，并向全球各個角落滲透。最終離開地球，向宇宙太空擴散，如在太空建基地或移民等，這就是"1"的澎脹。

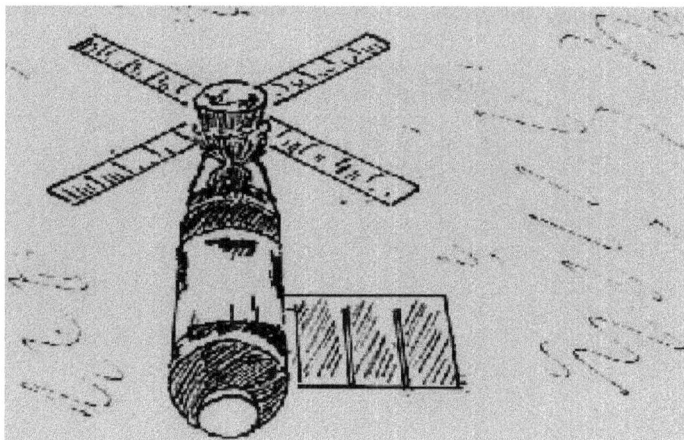

圖 16-8   太空基地

作為總結，國民經濟增長一定要不斷象水滴落到水裏般擴大，否則國家就不能富強和發展。但推動水滴擴大的是政府或政治體制，如果政治體制不能同經濟體系相互協調或互相干擾，國家發展就會倒退或動盪。

前人的評論：

你也許可以長期欺騙一部分人，你也許可以欺騙所有人于一時，但你不可能永遠騙所有人。

- 林肯 -

第 17 章
Chapter Seventeen

國家與法律
Nation and Law

問題和討論

1. 為什麼會形成國家？為什麼築牆和閉關鎖國違反了宇宙法則？

2. 為什麼說民主和集中是相對和辨證的？民主過頭會被打回，壓迫過火就會被反彈？

3. 為什麼控制人口和進入太空是未來人類的關鍵？

4. 為什麼對待國家政府要不斷施肥、灌水、稼接和改良？

5. 為什麼宇宙萬物生靈都會死亡和消失，但宇宙法則永不會消亡？

一. 引言

宇宙法則不僅反映在政治、經濟上，在國家和法律上也遵循 "."、"1"、"o" 法則。從另一層面上講，國家和法律也是維持政治和經濟穩定的 "o"。

二. 國家

什麼是國家？國家是由有共同語言、文化、歷史的一群人佔有的領地。

在遠古時代，土地是開放的，沒有國家概念，地球上的人類也都是遊牧民族，想去哪里就去哪里。由於土地（"o"）擴大不受限制，所以很少戰爭。這個時期也可能是地球人最美好的時期，就是聖經上講的 "伊甸園" 時期。當各民族的勢力範圍（"o"）開始連接時，地球上的土地也已被瓜分完畢。戰爭和摩擦所達成的力量平衡，使各民族的擴張停下來，最終形成國家，由於國家要求穩定就產生了法律。

所以國家政府是 "."，國家領土是 "o"，軍隊是 "1"。

1. 國家政府（"."）

國家政府是一個國家的 "."，也是治理和統治國家的機構。因為國家是由人組成，人是由生命智慧體控制，而生命智慧體要象熱一樣向外擴散，佔有更多的土地和資源是一個國家政府的夢想。

2. 國家領土（"o"）

國家領土是人類民族賴以生存而加以保護的範圍，所以是個 "o"，哪一個國家都想既保持自己領土完整，又要向外擴張。但土地面積已被限制死了，如果相鄰兩個國家都想擴張，但又力量差不多，就會造成戰爭。如果一個國家不想擴張，但又想保持自己現有土地不受侵犯，就會築起一道保護 "o" 來。最著名的就算是中國的萬里長城了，這道牆，擋住了外來的侵略，但實際也將自己關在了一個小"o"中無法發展，從而造成閉關鎖國的落後。

圖 17-1　　　中國萬里長城

　　以宗教和信仰築成的牆在人類的歷史上也不少見，如東、西德國的柏林牆是因共產主義和資本主義的不同信仰而建的，我們叫它"信仰牆"，現在已經被推倒了。

圖 17-2　　　民眾站在前東、西德國的柏林牆上

以色列目前正在修建一道隔離巴勒斯坦和以色列的牆，我們叫它"宗教牆"。這道牆說是要防止不同宗教的互相殺戮和自殺炸彈，但將來它也會象"長城"一樣進入歷史，被人寫上一些"到此一遊"之類的字樣，因為它也違反了宇宙法則。

特別要提到的是，目前的國家概念成為阻礙人口"1"增長的死"o"，而全球的人口又在快速增長，如果不加以人口控制，有限的土地將無法阻擋人口"1"的膨脹，進而首先在邊境與鄰國衝突，最終將導致戰爭。

因此，控制人口是未來地球人的關鍵，最好的情況是緩慢增長，等待地球人有能力向太空移民。如果我們不能走向太空，而只是在地球上象低等動物一樣拼命生殖，說明我們無法提高能級，等待我們的是象恐龍一樣的災難。

3. 軍隊（"1"）

軍隊是"1"，其職能最早是用於侵略和擴張。在第一次和第二次世界大戰時，軍隊用於入侵鄰國，擴大疆土起了決定性的作用。但目前，由於國際法的限制，軍隊不能用於擴張，只能用來維護和平和國家的穩定。而實際上，警察就足以維護一個國家的穩定了，養這麼多軍隊，又不能擴張，實在顯得多餘，加上國家財政不堪重負，錢用於發展民生多好，裁軍是不得已下提出的。

從另一角度說，一個國家養太多軍隊，（可能主要是對付本國人民）但其鄰國就會耽心起來，結果也拼命發展軍隊，最後全球軍隊越來越多，戰爭是不可避免的。

相反，如果一個國家裁軍，其鄰國就感到威脅減少，也跟著裁軍，最後全球裁得一個軍人都沒有，還有什麼可能會戰爭呢？

圖 17-3　　用於擴張的軍隊　（希特勒的軍隊進入法國）

三. 法律

法律是維持一個國家的穩定和次序的手段和規則，也是社會公認的一種強迫制度，由政府頒發。因此最高法院是 ".", 制定的憲法是 "o", 自由和民主是 "1"。

1. 最高法院（"."）

最高法院是 ".", 其職能是維持國家的穩定、治安和爭執。在古代，皇帝控制著國家的法律，皇帝說的就是法，所以才有"刑不上大夫"，只因這些高官與皇帝有關係。而今，司法機關雖然仍由政府控制，但從法律層面上看，國家的司法權已下放到最高法院，即使總統犯罪，也要受到法律的制裁。

2. 憲法（"o"）

憲法是 "o", 一群民眾站在政府門前拚命吶喊，只因政府將憲法制定的太嚴格，民眾的權利受到剝奪。如果政府再施行"苛政"，人民就更遭

214

殃。但假如政府將"o"擴大或放鬆點，政府門前的吶喊聲馬上就沒了，只因"1"得到了舒展。

在法庭上，一群律師在為一些政治犯人進行辯護，只因這些犯人的要求并不違反人性 -------- 不斷伸張的"1"和"o"，他們更是國家的財富，因為有了他們的努力和犧牲才迫使國家進步的。聽聽著名政治犯夏明翰烈士怎樣說："砍頭不要緊，只要主義真，殺了夏明翰，還有後來人"（他當時大概認為馬列主義就是推動社會前進的宇宙法則）。這是多麼形象地說明宇宙法則象海浪一樣一波又一波向前，人們為了捍衛宇宙法則，不惜犧牲生命的決心呀！

但由於嚴格的法律都是政府（"."）為維護他們的統治定的，有些法律定的也不十分公平合理，多偏向政府，人民修改不易，而造成冤假錯案。當然，對一些無人性、殘忍的、破壞社會穩定的刑事犯罪分子就另當別論。實際上，對具體案件和被告人，除了國家憲法，每一個律師和法官又各有一套自己的"."、"1"、"o"法則，這就是他們內心的判案標準和法則。

圖 17-4　　　法庭

3. 自由和民主（"1"）

215

自由和民主是"1"，是某種形式下的伸展，包括言論、競選、出版自由等。但有時民主和自由又會被濫用或伸展的太遠，而被政府（"."）打回頭，如有人會利用自由和民主的口號在公共建築物上亂寫亂畫或打、砸、搶；有人不管政府做對做錯都大叫換政府。實際上，國家政府已從一個種子長成大樹，換起來談何容易，要連根拔掉換上一個新種子，這個新種子將來長成什麼樣，何人能知。如當年李自成的農民起義軍，推翻了腐敗的明王朝，換成他自己當上皇帝，但結果比明王朝更腐敗，其造成的社會動盪和民眾傷亡也不僅僅是換一個種子所能表述的。

當然，如果一個國家的統治者知道自己無力管理國家，主動讓賢那是最好的結果，但是自古以來又有多少統治者願意認錯或自動退位呢？也許他們也有委屈，無處訴說，但人民看不到。人民所看到的是你能否推動社會前進，推不動的，"o"擴大不了，就是違反宇宙法則。你就成了阻礙發展的拌腳石，踢不掉，又拌腳，民心自亂，如當年袁世凱政府，不推社會進步，還搞倒退。

有時"o"和"1"的相互拉鋸會達到新的平衡，完全看"."的控制能力。但多數情況是社會矛盾不斷激化，或是最高統治者被推翻，或是進行大規模的鎮壓。所以，優秀的政治家多選擇適應民意，改革政治體系，而不是暴力鎮壓。因為他們知道，暴力鎮壓會使政權更加風雨飄搖。

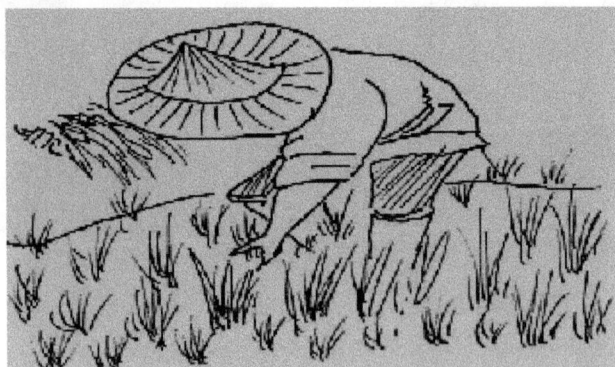

圖 17-5　　對待政府就象農民耐心對待農作物一樣

從另一角度說，人民對待一個政府（ ". " ）或叫種子，要有耐心，要象農民對待農作物一樣不斷施肥、灌水、稼接和改良，什麼意思？

施肥就是引進先進的管理國家技術和方法；灌水是糧食、資金援助；稼接是加進外國先進的國家管理經驗；改良是對自身政府人員的改革、考核。有時，僅僅給予糧食和資金援助是不能解決一個國家根本問題的，因為糧食和資金不一定能到需要救濟的樹葉 ------- 人民手中。

有時，一個政府本身已衰老到無法吸肥料、水和改良的程度了，那等待的又將是什麼呢？

另外，民主和專制是相對的、辯證的。在民主時代就要談民主，對國家的管理也要採用民主制度，這樣才能順應潮流，國家才能富強，如當今許多政治經濟落後的國家都在銳意進行改革，其所帶來的好處也是有目共睹。

而在專制的封建時代就要談專制。如果在封建社會談民主，這些國家就被看成軟弱和混亂，成吉思汗大軍的鐵騎一過，民主國家全部望風而逃和被統一。

宇宙法則就如同國家的法律，總統或皇帝可經常換，再偉大的政治家也會死亡，但國家的法律是不會輕易改變的。宇宙萬物生靈包括那些星球和星系都會死亡和消失，但宇宙法則不會輕易改變。假如有朝一日會變，目前的整個宇宙次序和數理邏輯也都會完全改變。

總之，遵循 ". " 、 "1" 、 "o" 法則，社會和人類智慧就會進步。反之，就會動亂和滅亡。

前人的評論：

君依于國，國依於民。刻民以奉君，猶割肉以充腹，腹飽而身斃，君富而國亡。

－ 唐太宗李世民 －

第 18 章
Chapter Eighteen

人類社會制度
Human Social System

問題和討論

1. 人類社会制度是怎样劃分的？

2. 為什麼說資本主義、社會主義、共產主義制度還不能夠稱其為制度？

3. 為什麼人類的最終目標是統一制？而從古到今的統一戰爭、大同理念和理想社會都是為了這一目標？

4. 自然科學家和社會科學家擔負的人類社會責任是什麼？

5. 聯合國將為人類的未來和進步起什麼作用？

一．引言

　　過去，經濟學家把人類社會的發展分成六個階段，即原始社會、奴隸社會、封建社會、資本主義社會、社會主義社會和共產主義社會。但本章認為社會主義社會和共產主義社會似乎只是來自一些"烏托邦"的空想，不是社會制度。資本主義社會也不能稱其為制度，因為資本主義制度只是自由市場經濟和自由企業經濟的概括，它作為人類社會經濟活動的載體，從原始社會就開始了，那時是原始資本活動，以物換物；資本經濟要一直延續到人類社會的滅亡。

　　人類社會的劃分主要分政治和經濟兩方面，從政治上劃分，對應的是 ------- 原始社會、奴隸社會、封建社會、民主社會和統一社會，共五個階段，這是一個完整的週期過程，與第9章的人生週期、天體週期相似。

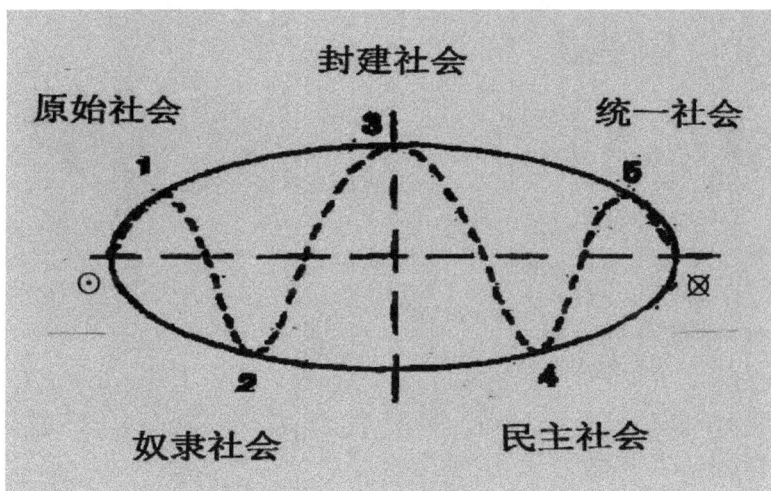

圖 18-1　　政治社會體制

　　從經濟上講，與政治體制相對應的是 ------- 原始資本、小手工業資本、手工業資本、工業資本、國家統一資本，這也是一個完整的週期過程。

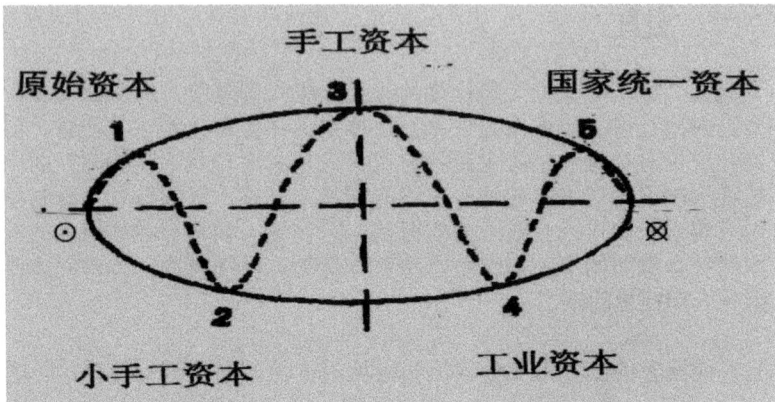

圖 18-2　資本活動體制

二. 社會制度

政治和經濟即相互影響，又互相矛盾，但社會和經濟學家將其混為一談，錯誤地劃分社會體制。比如，見到資本家進行的大資本工業化活動，就說這是資本主義社會，從而引出社會主義和共產主義社會的理論大辯論，這種理論大辯論更進一步上升到社會階層的大爭鬥（有些國家目前仍在進行），從而造成近百年來的世界政治和經濟大動盪，也使近千萬人民的生命死於非命。

1.　民主制度

原始社會、奴隸社會、封建社會，我們在歷史上都經歷過，因為它們被真實地記錄下來，什麼是民主社會？

民主制最早起源于古希臘，現代的民主觀念主要由早期歐洲的自然人文制度形成。民主制度的形成初期，不被人們所重視，受到強大的阻力，如美國的解放黑奴和南北戰爭；歐洲革命（包括巴黎公社、俄國十月革命）；中國的五、四運動等，這些早期民主運動大都採取宣傳反封建、公職競選、言論、出版自由和以法治國等形式。

220

但由於封建制晚期的舊勢力仍然強大，所以大都是以巨大的傷亡而結束，如美國的南北戰爭期間，死亡人數達一百萬；歐洲革命死亡達十幾萬；中國從五、四運動到解放戰爭，有近幾百萬人死亡。儘管社會各階層為民主（口號是人民做主）付出了巨大的犧牲，但人們到如今還不知道，這是一個民主制度的到來，而不是什麼資本主義制度或社會主義制度的到來和結束。

在人類歷史上，從奴隸制向封建制轉型的過程中，也經歷了長時間的動盪歲月，代表奴隸主階級的統治者拼死抵抗也要維護自身的利益。在中國的春秋戰國時期，群雄并起，在政治上形成了一大群變法革新派，如商鞅就是一個典型的代表。在戰場上，統一和割據、先進和落後的體制長期爭鬥，秦將白起長平一戰就坑埋趙卒四十萬人。

也許你會問，當時的統治階級可真傻，你們何不順水推舟，跑步進入封建制，不就不會死這麼多人了嗎？可你錯了，這是你站在現在幾千年後的高處看，才有這樣的結論。如果你生活在當時，你是不會知道你生活在奴隸制向封建制轉型的社會條件下的。

同理，目前大多數的國家統治者和人民也不能洞察他們生活的社會體制是怎樣一個社會體制，只是似乎感覺有這麼一個跡象，所以就一味等待，摸著石頭過河。幾千年後的未來人再看現在，又會嘲笑現在的人類："你們死了這麼多人還不知這是從封建制向民主制的轉型過渡期嗎？什麼資本主義和社會主義制度根本就不存在。"

從宇宙法則原理體會到，大規模的民主制轉型從美國南北戰爭以前就開始了，與中國春秋戰國的奴隸制過渡到封建制的情況大致相同，到目前為止，死人百萬。這還不包括第一次和第二次世界大戰這樣的戰爭，因為兩次世界大戰不是民主戰爭，而是統一戰爭，是有人想把全球統一起來。我真耽心有的國家將來會為這一轉型再死幾百萬人。

道理雖然簡單，但要讓所有人相信就不簡單了，如果當今全球的學者和政治家都認同本書的理念就難上加難，好在歷史是向前走的，社會的發展也不是什麼偉大政治家或著名教授設定的，它將遵循本書所講宇宙法則的自然規律進行變化和發展，太快要被打回頭，太慢也要被人踹，誰阻礙社會進步，誰將得到慘痛的教訓。

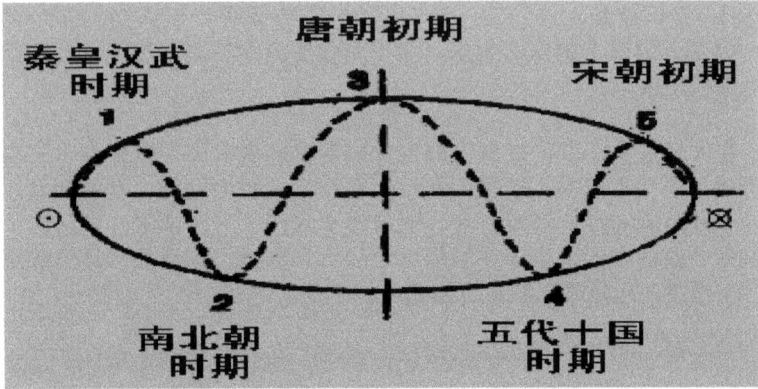

圖 18-3　封建制五波循环

此圖說明封建制是經過五波循环而衰亡的。以中國為例，漢朝初期、唐朝初期、宋朝初期為一、三、五波強盛期；南北朝、五代十國為二、四波戰亂期。宋朝後，封建制走向衰亡。

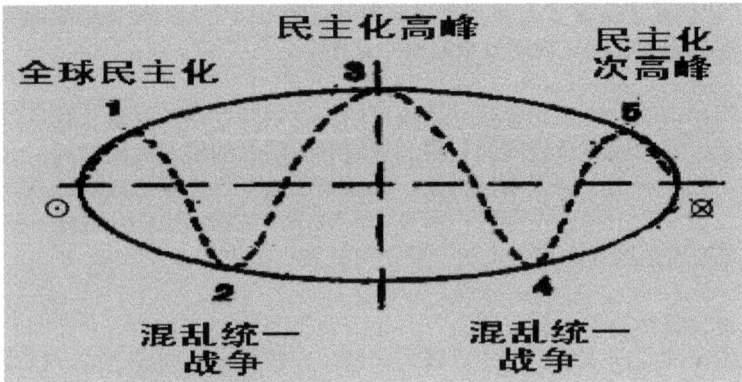

圖 18-4　民主制五波循环

此圖推測將來全球所有國家都民主化為第一波高峰，然後民主制有三和五波高峰，中間有兩次大的戰亂，大概是宗教戰爭和統一戰爭，這是以全球範圍來說的，間隔大約 500 年。

2. 統一制度

民主制發展幾百年或千年以上，將進入統一制度。什麼是統一制度？簡單地說就是宗教統一（統一"."）、科學統一（統一"1"）、國家民族統一（統一"o"）。

統一制將克服民主制的缺點，如國家過於分散、民族分裂、各自為政、選舉舞弊、政黨混亂。如果再加上議會打架，政客間相互下毒、監聽、性騷擾等醜聞，這都是民主制需待克服的弊病。另外，統一制也將減少民主制的競選浪費，如幾個國家和地區聯合選一個總統或輪值總統，這可使民族相互溶合。一般會在政治經濟差別比較小的國家首先出現，如歐洲，它們目前似乎已有這種跡象。

接著，全球會根據相近文化、宗教、民族分成幾個大區，如非洲區、中東區、亞洲區、美洲區等，每一個大區只選一個總統或輪值總統，區內無國家邊界，無簽證限制，這將加速民族溶合和宗教和解。進一步，最終大區和大區將合并成一個地球國 ------- 無國家邊界，無種族歧視，無宗教衝突的大同世界，正如（**第9章**）所述。

當然這是理想和最終的，進行過程中不排除有阻力，如有些民族的民族主義特別強烈，文化的自我保護，宗教保護，不與外族通婚等，但隨著時間的推移，統一制一定會到來。

也許有人問，統一制是不是共產主義理想？二十世紀發展起來的共產主義運動，主張財產公有，消滅市場體制和剝奪生產資料個人所有，全民按照各自所需分享共有財產的社會制度是不是也正確？

我們可以這樣說，統一制度不同於共產制，首先消滅個人所有、共有財產就無道理，不知是從政治角度還是從經濟角度，或是混為一談。另外，統一制的條件是在民主制的基礎上，不是在封建制或半封建半民主制的基礎上。還有民族大混血也是至關重要，只有民族大溶合才能取消國家概念、宗教概念和民族概念，這不是幾百年、幾千年能完成。看如今世界各國，種族主義強烈、民族矛盾尖銳，宗教各立山頭、水火不容，如以色列和巴勒斯坦常年戰爭，打了和、和了打。你說統一宗教，他們要問你："是你們基督教統一我們，還是伊斯蘭教統一你們"；你說統一民族，他們要問你："你們是不是吞并我們的文化和傳統"。

歷史上曾經有許多君主和政客想這樣幹，遠的有成吉思汗、愷撒大帝、拿破崙……；近的有希特勒、日本天皇……，他們都想統一全球，可結果都失敗了。原因非常簡單，只因統一的條件不成熟，民族未大混血，強行統一一定會以犧牲眾多其他民族的生命為代價，如種族屠殺，并遭到強烈的反抗，最終這些人物成為歷史的罪人。

同理，馬克思的理想社會理念不錯，只是沒有給出以上的條件，一些人就認為共產制唾手可得，如俄國的無產階級革命家列寧就是其中之一，他過早地將俄國變成一個所謂社會主義制度。為了推翻上層貴族，就將人類社會自然穩定的樹種、樹幹和樹葉相互依附的層次關係（如樹葉吸收陽光給樹種、樹種吸肥料給樹葉）變成動盪的、激風暴雨式的鬥爭關係。

到目前，蘇聯眼看此路不通，就急忙轉向，害得國家四分五裂。這情況在股市上很常見，比如將大熱股炒的太快、太高、太遠，一下子收不回來，當市場轉向時，一下大跌成了垃圾股，有人不得不拋掉舊股轉買新股（如拋共產股買民主股）。可憐那些跟風的國家買進和持有太多舊股的期權和期貨（option and future），且是傾整個國力購買，忍痛賣出，整個國家經濟可能立即崩潰，還可能造成國家動盪不安；可繼續持有這類"共產股"期權和期貨，它們幾乎無市場。

最早一些歐洲西方國家是首先持有這類"共產股"的，但後來全部拋給了東方國家。東方國家喜歡持有，不易轉向，因為心理偏"o"，股市是這樣，政治體制竟也是這樣。看吧，將來西方國家會將民主制再拋給東方國家，等東方國家內戰加死人慢慢全變過來時，他們已經向統一制靠近了。只是目前擺在東方國家面前的是拋還是繼續持有，那進退維谷的心情同其國家的大多數股民差不多。

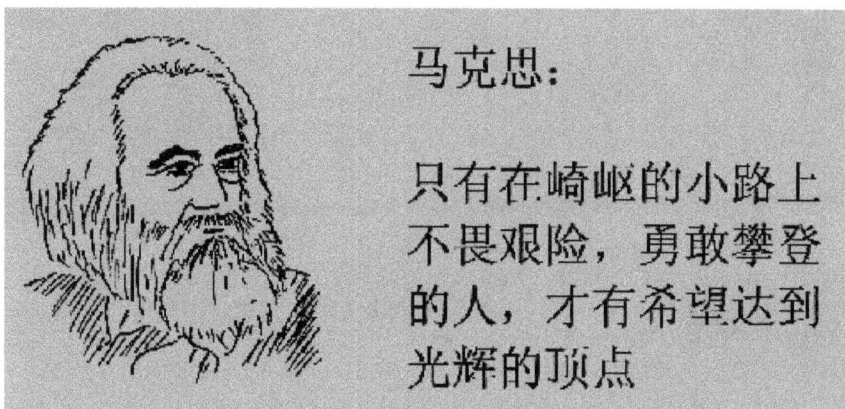

马克思:

只有在崎岖的小路上不畏艰险，勇敢攀登的人，才有希望达到光辉的顶点

圖 18 - 5　馬克思　Karl Marx （ 1818 - 1883 ）

　　我們仍然認為，馬克思、恩格斯、列寧等人的革命思想，早年為人類的進步做出過很大貢獻，這才有今日西方國家重新思考工人、農民和中下層人士的福利、工作和失業保障，取消童工，保證婦女權益和免費教育等。

　　而當今世界，許多理論家認為馬克思理論是錯誤的，但錯在哪里他們說不清。實際上，馬克思努力一生的實質是想打破一個舊世界，創造一個新世界，這正是宇宙法則不斷擴大的"o"和不斷伸展的"1"。而當今世人無力推動社會再進步，再擴大"o"，更無力發展和超過馬克思的理論，反而利用馬克思的理論當鍋蓋，壓制開創者、改革者，實是錯在今人呀！

　　"否定之否定"是馬克思一再強調的一個哲學規律，即不斷否定舊事物，創造新事物；或說成螺旋向上，每一次否定都把事物推向更高水平。這同新陳代謝，"o"和"1"的週期演化是一樣的。

　　可在有些國家，馬克思、恩格斯、列寧被捧為崇拜的偶像，他們的畫像和雕塑滿街都是，成為教會、教主神像，他們的著作成了聖經、佛經，改不得、批評不得，否則會受迫害和圍攻，由此造成的宗教現象或唯心現象，違反了馬、恩、列一生堅持的唯物主義和革命初衷，也使整個國家和

225

民族的智慧被壓在了一個"o"上，無法再提高了。無法提高最終就演變成
落後。

　　我們前面講了，社會發展到這地步，向前是民主制，向後是封建制，
中間是一個過渡時期的不穩定階段，如春秋戰國，通常會死很多人。我不
忍再看更多無辜平民死亡，只是暗自歎息當今世界各國，有的國家採用部
落制、宗教制；有的國家是軍閥制、皇帝制、獨裁制；跑的遠的國家宣稱
自己已進入"土豆加牛肉"式的共產制，還有眾多自行泡製的什麼初級階
段、民族自決制、……等，死人千萬才達到這種水平，你說能不被後人恥
笑嗎？

　　"亡羊補牢，猶未為晚"這是中國的一句經典成語，你只要知道人類
社會制度是這五種形態，順風撐船，首先進入民主制穩定期，它才剛剛開
始，還有千年的時間。最好從上向下改，即從樹種向樹葉推，不要從下向
上推，這樣會死人和戰爭。然後在取消國家邊界，全球民族大溶合的基礎
上，統一制度才能順理成章的到達。等到那時再回頭看現在，又有一番感
慨，不但成吉思汗、拿破崙的統一理念能完成，就是馬克思、恩格斯的大
同思想也會實現。

不要理会能走多远，只管前进，目标一定会达到；不要怕险阻，尝试便成功。

圖 18-6　成吉思汗 Genghis Khan （ 1162 - 1227 ）

怕就怕有些國家統治者對權利看的重，對社會政治和經濟發展方向懂的少。而大多數自然和社會科學家、本是國家精英，肩負著將社會進步向上推的重任（如社會科學家是推 "o"，推社會進步，全部的經濟基礎和上層建築都為這一目標服務；自然科學家是推 "1"，推探索外太空，全部的工程科學技術也都為這一目標服務）。

但當今許多國家的最高科學家都是些武器專家，他們專門研製核武器、生物武器和化學武器來危害社會；而最高社會科學家都是些吹捧專家，專為政黨、統治者宣傳個人崇拜和歌功頌德，如前伊拉克政府就是一個代表。加之有的理論家寫的論文過於煩瑣、複雜，大耍八股太極，騙研究資金，對歷史研究多，對未來研究少，成了維護舊 "o" 的理論警察，根本不能推動社會進步和督促統治者。一但社會動盪，將一發不可收拾，後悔都來不及。

發生暴亂和戰爭就意味著整體人類智慧向下跌，難民的全球大逃亡又加劇了災難的發生，別談什麼民主制、統一制，就是原始制的人吃人、人吃野草都可能再現。

3. 後統一制度

統一制是人類政治的最終目標，經濟目標是統一的大工業資本生產。到那時已沒有國家，只有一個個分立的工業區。工業區按行業分，如有的區專生產高技術，有的區專生產生活用品，物資極大豐富，人民富足。富足的本身不是共產，而是人人擁有大量的私人物業和資產。他們可工作，也可不工作，只是人人對未來充滿緊迫感，而不是無憂無慮。

因為大自然的災難時刻威脅著人類的生存，他們不得不全力工作探索外太空。而分區化的大工業資本生產也有利於集中資本開發太空探索，建太空基地。

統一社會可能延續幾千年，直到地球的氣候變的越來越熱，然後突然變冷。氣候的反復無常，也許是太陽或地球生命智慧體降低信號來臨，地球已經不適合人類居住，地球人類不得不尋找新的棲身地而離開地球。但地球的氣候異常不是短時間能結束，通常達千年或萬年以上，離開地球的極少數智慧人類通常不會再回來了，大部份留下的人將自生自滅。

．．．．．．．．．．．．．．．．．．．．．．．．．．．．．．

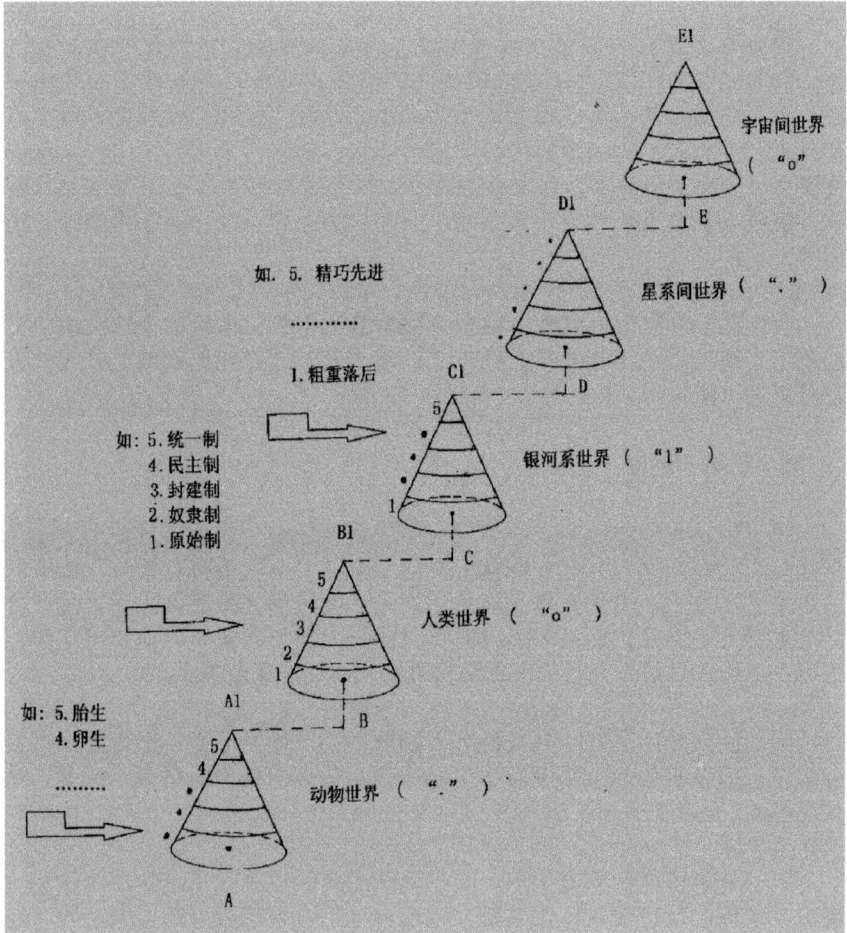

如. 5. 精巧先进

．．．．．．．．．

1.粗重落后

如：5.统一制
    4.民主制
    3.封建制
    2.奴隶制
    1.原始制

如：5.胎生
    4.卵生

．．．．．．．．

宇宙间世界（"o"）

星系间世界（"."）

银河系世界（"1"）

人类世界（"o"）

动物世界（"."）

．．．．．．．．．．．．．．．．．．．．．．．．．．．．．

228

A-A1   只有不斷改變本體（".."），才有智慧頭腦。
A1   只有很少的動物族群能向人進發。
A1-B   艱難地前進，有的死亡、有的停在猿上。
B   不多的幾個猿能成為人的種子。
B-B1   只有不斷改變社會體制（"o"），才有发达的工業。
B1   只有很少的人类能离开地球。
B1-C   艱難地前進，有的死亡、不多的能到達外星。
C   只有很少的地球人能登上外星，成為地球人的種子。
C-C1   只有不斷改變科學技術（"1"），才有超先進的技術。
C1   只有很少的銀河系人能離開銀河系。
C1-D   艱難地前進，有的死亡、不多的能到達外星系。
D   只有很少的銀河系人能在星系間旅行，成為種子。
D-D1   只有不斷改變本體（".."），才有神力延長生命。
D1   只有很少的本宇宙人能離開本宇宙。
D1-E   艱難地前進，有的死亡、不多的能到達外宇宙。
E   只有很少的本宇宙人能成為種子。

· ·

圖 18-7   生物進化法則

如果災難是突然來臨，而不是緩慢變熱或變冷，比如一個小行星、彗星將撞地球或太陽突然大噴發，而目前人類又無辦法避免，情況將變得複雜。注意，災難達到哪一級程度非常重要，災難越重，下一波文明花的時間越長。

如果災難不太嚴重，只相當於五千年前的地球大水災。發達國家的一些智人已乘太空梭逃跑，地面設備已毀，許多人得瘟疫而死，無人能懂得再建太空梭了。只有一些邊遠的原始人留了下來，文明基本沒有了，他們可能連簡單字都不懂。等地球的氣候正常後，人類又開始繁殖起來，那時的人類又開始另一個大週期 ------- 原始社會、奴隸社會、封建社會、民主社會、統一社會。

如果災難嚴重到只有小老鼠躲到地洞才能逃過此劫（注意，老鼠是人的近親，也是地球上生命力最強的動物之一，它們能抵抗核輻射也是自然之迷），它們也會向人類進化，因為時間和空間就是能量、與生命智慧體成正比（**見第 8 章**），等它們花漫長時間變成人類，再從非洲開始向全球擴散，後來的人再回頭往非洲找頭蓋骨時，得出的結論還是人類的起源在非洲。

我們再說跑走的原地球人子孫，他們的旅程充滿風險，可能死於半路，就象人類早年的大遷移一樣。如果幸運地找到另一個星球，不知過了多少代，從祖先的記載裏發現有這麼一個地球，其子孫就尋根問祖式地回來遊覽一下，如同現在的城市人到非洲人類發源地原始部落看一下新鮮一樣。只是上一波的外星子孫不知對這一波的地球部落說些什麼，給部落人改變一下生活方式呢？還是勸告一下地球部落首領應當向文明和進步改變，不要再進行無益的戰爭了。他們會說："你們的'星球大戰'電影，全是地球土著部落人想像外星文明人的大戰，你們地球人總是打，第一次、第二次世界大戰、朝鮮戰爭、越南戰爭、中東戰爭、兩伊戰爭……，這幾百年來，戰爭從未停過，我們一直監視著你們，覺得挺開心，只是不知你們是為什麼？所以你們地球人就把外太空也想像成你們星球的水平，不停的戰爭。"

我寫這部書是一場夢，好象是夢裏有人告訴我怎樣怎樣寫，似乎這個高人遠遠超過我本身的水平。我醒來時，夢的情景依然歷歷在目，我就將夢中所作斷斷續續地記下，如果哪個地方說錯了，也只當是夢話而已，不必當真。

三. 總結

作為總結，本章談到的五種政治體制 ------ 原始社會、奴隸社會、封建社會、民主社會、統一社會就相當於第 9 章談到的人的一生 ------ 童年、少年、青年、中年和老年五個階段。

童年就相當於原始社會，因為孩子天天光著屁股亂跑、亂叫，什麼都不懂；少年就相當於奴隸社會，父母吆喝打罵，出去有時還用繩子牽著；青年就像是封建社會，父母包辦婚姻、工作或考學；中年相當於民主社會，因為歲數大了，總算有了自由、自主權了；老年相當於統一社會，子孫滿堂、其樂融融。

五種政治體制在自然界又對應於樹的一生，原始社會是種子剛發芽，混身帶著泥土味；奴隸社會是小苗受控於種子，需要養料和肥料；封建社會是小樹，需要扶持和剪枝；民主社會是大樹，樹葉可自行開花結新種子；統一社會是老樹，周圍環繞著子孫樹。

因此，我們可以這樣說，原始社會經過幾千年，中間經幾百年的動盪進入奴隸社會；奴隸社會再經過幾千年，又經幾百年的動盪進入封建社會；封建社會還是過幾千年，同樣經百年的動盪進入民主社會；後面是民主社會再過幾千年，再經幾百年的動盪進入統一社會，這是一個大循環。時間是動盪期（"1"）短，穩定期（"o"）長，與第 13 章談的人類進化法則類似，每一次從動盪到穩定，社會就前進一步，其真諦正是宇宙法則的基礎。

既然人類社會制度大致就是這種階梯式，按週期螺旋進行演化和發展，聯合國大會何不為人類社會的進步作些切實可行的舉動，幫助地球上所有國家進步。如在政治上，強制所有會員國向社會進步方向轉變，而不是等待他們國內發生大規模的動盪或進行什麼民族自決式的內戰。強制性的措施包括監督各國的政治和經濟體制改革和轉變，保證維持各國的政治穩定和領土完整，如果不按民主和法律程式將給予制裁和國際壓力，甚至軍事干涉。在經濟上，強制所有會員國穩定發展經濟，資源合理分配，取消污染環境的工業等。

如果真是這樣，實是地球人類的一大幸事，聯合國大會也從有名無實到真正行使它的全球管理權和監督權。從更廣泛的意義上說，聯合國的壓力比本國人民迫使本國政府來的穩定，如果讓本國人民從下向上推動社會進步，不可避免可能會造成大規模動盪和內戰。當全球法治化、民主化完成後，就迎來了地球人的另一個穩定的春天 ------- 民主制。這民主制經千年後，民族和文化已經溶合，聯合國再強制監督向統一制轉變。

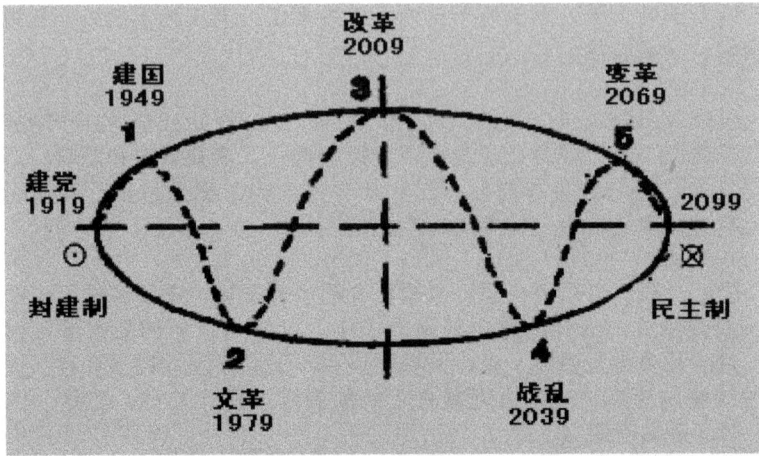

圖 18－8　　從封建制到民主制的過渡期

這是中國從滿清封建制結束走向民主制的過渡時代，30 年為一週期，正負 5 年。1919 年建黨，花 30 年成立中華人民共和國為進步上升期；從 1949 年建國開始走向混亂為倒退下降期；1979 年文革結束又開始改革進步上升期；2009 年左右將為轉捩點，中國將走入下降期直到 2039 年，原因可能是現今體制不能適應社會的發展，社會矛盾加劇。但如果中國能平安快速進入民主制穩定制，就可躲過這 30 年下降，進入新的臺階。

我真希望將此書埋起來，有朝一日將它留給下一波的人類，讓他們能早早地看到，少走彎路。可實際上，他們能懂我寫的文字嗎？翻譯成什麼文字也沒用。看看金字塔，又一次感到它的偉大。

前人的評論：

人是生而平等自由的，一切權力屬於人民，人民有權起義消滅違背人民意志的統治者。

睡在這裏的是一個愛自然和真理的人。

－ 盧梭 －

第 19 章
Chapter Nineteen

智慧教育
The Education of Wisdom

問題和討論

1. "智慧人"的標準是什麼？怎樣教育才能達到真正的人？

2. 為什麼宇宙生物要不斷提高自己才能不滅亡？

3. 什麼是個體智慧和群體智慧？它們是怎樣相互作用的?

4. 什麼是智慧壓？他們是怎樣運作的?

5. 認識自然的三種研究方式是什麼？

一. 引言

　　教育制度的本身是提高生命智慧能級，也是人類的未來，所以世界各國都非常重視教育。不過，目前的教育大都只是對過去幾百年或幾千年前的知識進行解釋和複製，特別是一些哲學和宗教經文，幾乎都是幾千年前的知識。教師們忽視了對未來的指引，只因未來學是一個未有定論的理論體系，為了避免爭議而忽視了。本章將就教育的 ".""、"1"、"o" 原理進行分析。

二. 智慧人的標準

　　儒家三字經說："人之初，性本善"，這句話不錯，但條件是人。

　　我們可以走訪許多國家，每一個國家的監獄裏都關押著許多囚犯。你也許會問，如果關在這些監獄裏的囚犯叫"人"，他們同關在動物園籠子中的老虎、獅子有何分別？論吃，囚犯可能還不如老虎、獅子，因為每天只能吃幾個乾饅頭或一年吃不到一次肉；論權利，他們要受虐待或挨打受刑，甚至每天只給幾小時的放風時間。嚴重的囚犯終生關在監獄裏，更不要說結婚和自由。老虎和獅子還能有工作人員象皇帝般伺候，有配偶和生崽。

　　儘管這不公平，但話又說回來，如果將這些兇犯放出來，他們中有的可能又會象動物一樣兇殘地殺人、強姦、搶劫。可見，他們除了會說人話，實際上還沒達到真正的人。

　　地球上如果只有幾個這樣的人也就罷了，可為什麼這麼多呢？精神病通常是醫生診斷這些囚犯殺人、強姦、搶劫的藉口。但實際上，如果那些醫生說老虎、獅子吃人是因為有精神病，一定會讓人懷疑他們是否是醫生。進一步，即使有許多受過高等教育的人，他們仍然參與戰爭和屠殺，如第二次世界大戰中的德國和日本軍官劊子手，他們有很多人都受過高等教育。目前也有高級科學家參與生物武器、化學武器、細菌武器或其他大規模殺人武器的研製，美其名是"和平"目的，國家的棟樑，自我感覺良好。

234

所以我就得到了一個總的看法，目前的人類，儘管經過了幾百萬年的跳躍進化，我們還遠遠沒達到"人"這個能級，我們最多是剛剛從動物跳躍到人這一能級的"初級人"而已。實際上，這幾百萬年的進化時間，也不算長，與宇宙時間相比只是一瞬間。

圖 19-1   人象動物一樣關在籠裏

作為人的基本標準應當符合宇宙法則：即內心的仁慈 ，以善為本，這是（"．"）；集體的守法，是維持一個社會的穩定，這是（"o"）；探索、創造和發明是擴展人類生存空間、延長人類文明發展時間，這是一個（"1"），而人和人之間是平等。

三. <u>教育的目的</u>

對於歷史上的許多偉大人物，只因他們更能體會和表現人的基本標準（不是神的標準），我們認為自己達不到才將他們捧為神。當地球上沒有了犯罪，人人懂得社會公德和道德情操，遵守法紀、永遠探索。人人智慧水平都比歷史上的偉大人物高，人人都能象聖人一樣，才認識到神不是這些人物，也就沒有了崇拜，當然更不會為這幾個所謂"先知"而打仗。

更進一步，如果沒有了象關動物一樣的關人監獄，就是地球上真正都成為"人"的信號，至於說到"理想社會"就是後面的事了。

只因地球人自己都認為自己遠沒有達到人的標準，且具有許多動物的本性，所以一方面造許多監獄、籠子和鎖鏈來約束自己；另一方面又不斷進行長時間的教育、訓練、提高和參悟。

　　前面講了，從動物到人的跳躍，最大的功臣應當是有形神太陽和地球，它們是我們的上能級，也給我們帶來生命的動量。太陽能使地球上的生物突變和消亡，其手段只是調節一下溫度和噴發而已。這就如同美國國家儲備銀行主席格林斯潘博士一樣，調節一下銀行利率就能使有的公司發財，有的公司倒閉。

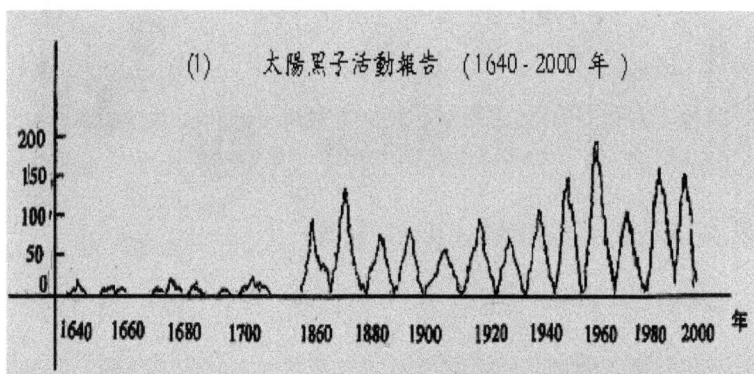

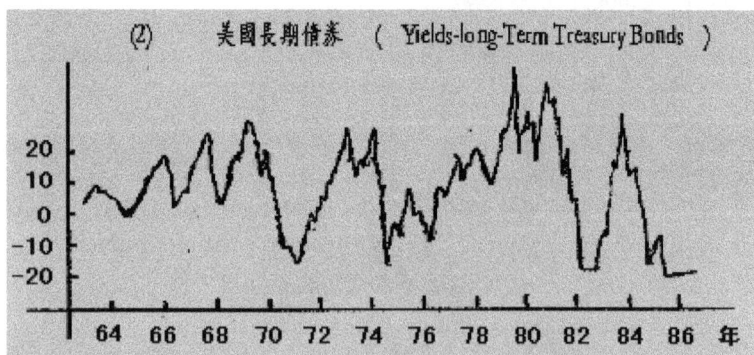

圖 19-2　　太陽調節地球的智慧曲線與利率調節股市異曲同工

236

太陽的智慧在於，造成小小的災難令弱智生物死亡，給高智生物一個生存發展的機會，這就是自然選擇。誰能抵抗住災難，誰就是智慧生物，可以保留下來。恐龍抵住了許多次小的災難，所以成為地球的霸主，但最終逃不出一次大的災難。

恐龍不滅亡，人類就不會出現，因為人類在弱小時就可能成為恐龍的盤中餐。我們人類目前是地球的霸主，但不是永遠，不能提高，總是破壞地球自然環境和互相殺戮，太陽也會滅亡我們給未來生物一個機會，這就是自然界不斷更新舊種子的宇宙法則。

因此，教育是提高國民智慧的主要手段。政府推行全民普及科學文化教育，人民知識水準和智慧就會提高；政府大搞愚民政策，限制言論自由，宣傳個人崇拜和廣設監獄，人民反而更犯罪。

四. 人類智慧

1. 個體智慧

前面提到，為了使人類能更接近"人"的標準，我們需要不斷地進行教育，特別是從幼兒做起。各種哲學理念和宗教重視"德"的教育，這是"."；各類大、中、小學校重視"智"的教育，這是"o"；運動中心重視"體"的教育，這是"1"。德（"."）、智（"o"）、體（"1"）三方面的綜合教育，才是最好的教育。

1) 德（"."）

"德"的教育最早是歌頌神（"."），後來就加上仁義道德和哲學理念（"o"），目前是宣揚科學文化（"1"）。

2) 智（"o"）

"智"的教育主要是強調探索精神，又分"."、"1"、"o"三種形式。如"."代表記憶式；"o"代表知識式；"1"代表創造式。

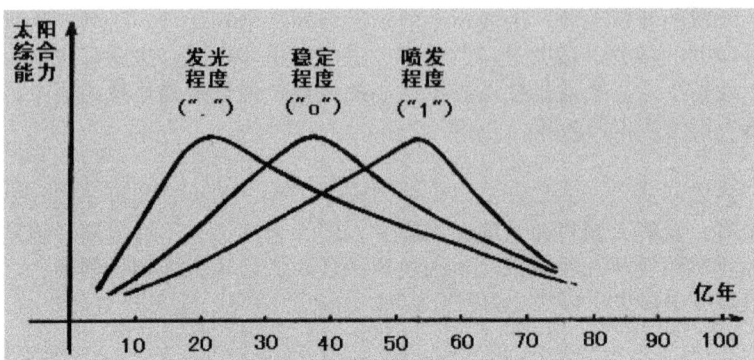

（1）　太陽綜合能力智慧曲線

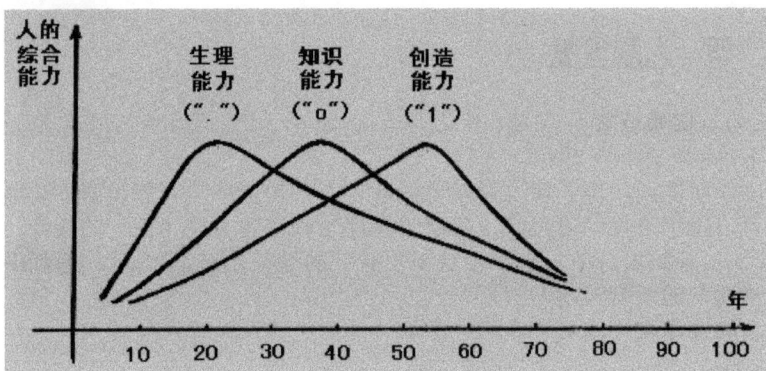

（2）　人綜合能力智慧曲線

圖 19-3　　人和太陽的綜合智慧曲線隨年令變化圖

　圖 19-3 表示人類的綜合能力曲線與太陽的相似性，20 歲以前是機械記憶強（" . "式），高峰在 20 歲左右，之後走下降趨勢；在機械記憶下降的同時，知識記憶正在加強（" o "式），高峰在 30-40 歲左右，之後下降；同時創造記憶（" 1 "式）在不斷地增加，在 50-60 歲左右達到高峰。

238

當然也因人而異，因為三條曲線可隨人所處環境和生理情況波動。有人知識期提前到 2－3 歲就能背書、誦詩，而創造期在 10 幾歲就提前進入最高峰，反而成人後沒什麼創造。

因此，早熟是否就是神童和天才，這給未來的教育學家提出了關鍵的問題，如許多神童班、神童大學象雨後春筍，但效果不理想。恒星也是隨質量的變化、化學元素組成的分佈，使三條曲線前後移動。為此，小學以前的兒童常用“．”式教育，只是機械記憶；小學到大學是“o”式教育，在於不斷發展和擴充知識；大學畢業後通常是“1”式教育， 就是創造式教育，這符合自然法則。

3）體 （“1”）

“體”的訓練也分“．”、“1”、“o”，如“．”是基礎訓練，鍛練體能；“o”是強度訓練，由簡到繁；“1”是創造訓練，動作翻新。

2. 群體智慧

個體智慧是建立在群體智慧之上，並反作用於群體。個體與群體有時是矛盾的，因個體常表現為“1”性，而群體常表現為“o”性。個體伸展容易，而群體就難，所以個體行為常常不易被群體接受，只因“1”伸出了“o”之外，需要整個“o”擴大才行。如果群體“o”不能進一步擴大，個體伸展“1”就要被壓，這就是人們常說的“槍打出頭鳥”。

在學術理論上，就是讓所有專家都喜歡和贊同是不可能的，不贊同不為怪，怪就怪在有的專家還諷刺、挖苦和打壓。這種個體智慧與群體的脫節，在社會上和學術上是隨處可見，包括專家本人，他被人壓，但他也壓人。

從學術群體上看，一個“o”上有許多各類專家，但通常只在一個窄窄的小“o”上翻來翻去，如市面上的眾多數、理、化書籍，內容大都雷同，只是封面上的作者不同。一些專項專家，只在幾個專業雜誌和期刊裏尋找突破，或掉到一個洞裏不出來，洞越深，洞口越窄，最後把自己也埋進去了，外面世界一概不知。一但有什麼風吹草動，他們自然就形成一股保守壓力。

以上只是從學術理論這個小"o"上看，還不包括整個社會意識形態的大"o"壓力，政府壓力等。大"o"壓力有時比小"o"還可怕，如古今中外眾多的禁書、文字獄，有些專家寫的文章同皇帝的名子犯忌也要打入死牢。有些禁書後來被證明非常有價值，如伽利略的名著"兩個主要世界體系的對話"等，只是當時的政治形勢和宗教禁錮將重要思想壓制住了。

3. 智慧壓

智慧壓的概念最初是從金融市場上體會到的，在金融走勢圖形上有許多支持和阻力位，這就是一些買進線和賣壓線。當突破信號出現後，人們紛紛湧入市場，成交量大增，最後形成突破走勢。但突破後幾天，市場有時會折返，形成假突破。如果能站在支持線上再向上，就是真突破。

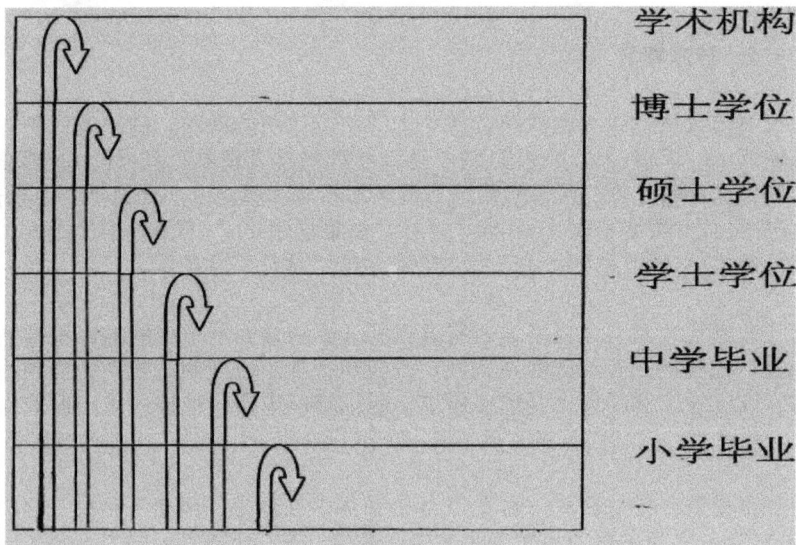

圖 19-4　　學校考試壓力線

240

在學校的教育上，大、中、小學各年級的升學考試就是壓力綫，通過考試及格 50 分，就是通過阻力位，可上到高年級。上不去的就要重考，表示被壓。有時勉強上去但跟不上班，也要退學，這就是假突破。

當學校畢業後，已經沒有了升學壓力，但卻有了工作壓力，如在學校裏或工作中，為了升職稱而寫出的學術論文或工作報告，一但提出，就要被一群專家評估。這群專家就是智慧壓，也是群體壓。意思是說，如果你不能讓這群專家滿意，就通不過，被他們壓下去；讓他們滿意，他們有時也從中尋找文章的缺點從上壓、從下拉，這就是突破後的回擋，被他們拉下來就是假學術突破。除非你能穩穩地站在眾多專家的肩上，他們拉不下來你，反而被你向上拉，把他們拉出深埋的坑，最後整群專家的智慧也提高一大段，進入前面講的高層 "o"。

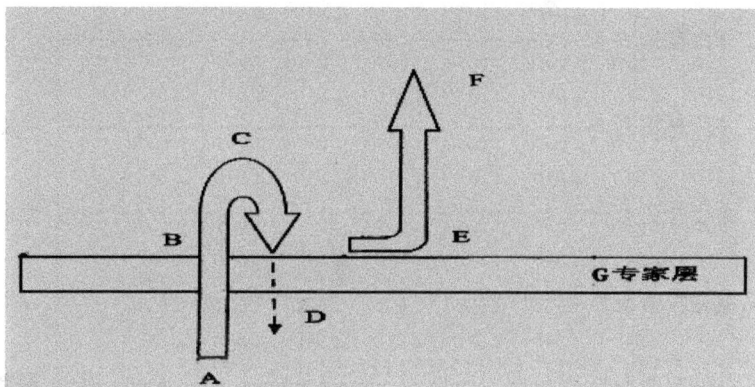

A. 一個新理論。
B. 突破現有專家理論。
C. 專家開始打壓和指責。
D. 理論不符合規律和社會共識，被專家拉下。
E. 專家拉不下，但也不支持，停在專家層上。
F. 繼續帶動整個專家層向上或在高位形成新專家層。
G. 時間越長，專家層越厚，阻力越大，越難突破。

圖 19-5(1)　　　　**專家層的支持和阻力位**

量子理論的發展就是一例，沒突破時，所有科學家都被壓著，可能有幾篇論文已有突破跡象，但根本沒人理睬，如科學家愛因斯坦最初提出狹義相對論時，無人能懂。

　　多年後，理論被證實，所有科學家才全醒了，一下子將科學推上整整一個臺階。推到現在，他們又疲倦了，昏昏欲睡，不但如此，還發表悲觀言論："什麼科學已達頂峰，再無重大突破了"。更有大量專家在高層形成厚厚的一層智慧壓，誰上來，就將其壓下去，這就是生命智慧的群體能級性。

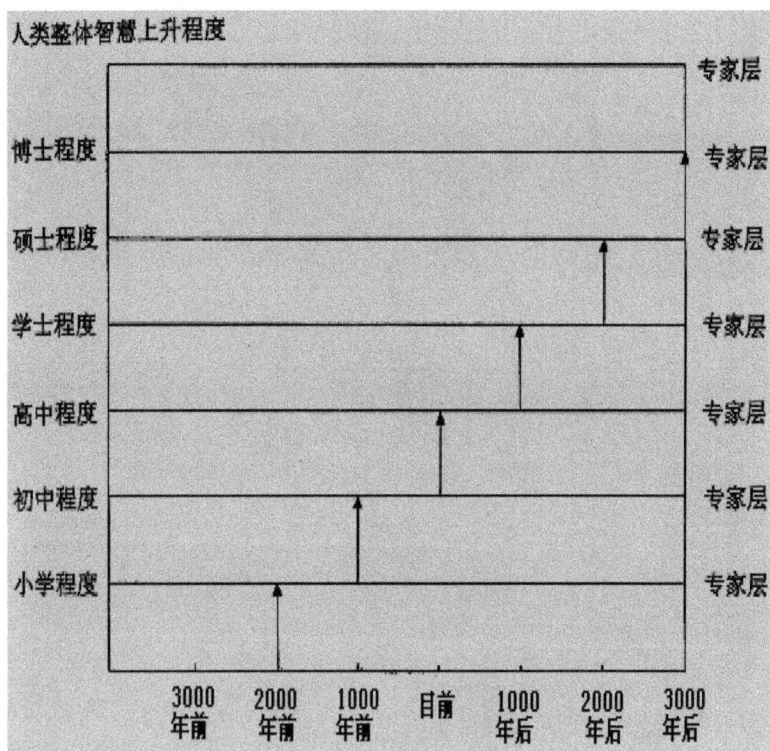

圖 19-5(2)　　人類的智慧隨時間一點一點向上推

幾千年前，只有小學程度或連字都不識的宗教教主或傳教士就是專家，他們的話就是權威，誰也不能指出他們的錯誤，否則就要殺頭。因為那時地球上的大部分人都是文盲，不懂文字，只能靠口傳。而今，人類的平均智慧水平是高中。學士、碩士和博士學位似乎是一個專科學位，不是平均智慧。等到將來，人人都是真博士，門門精通，不是現在的單專業博士，平均智慧層就是博士。

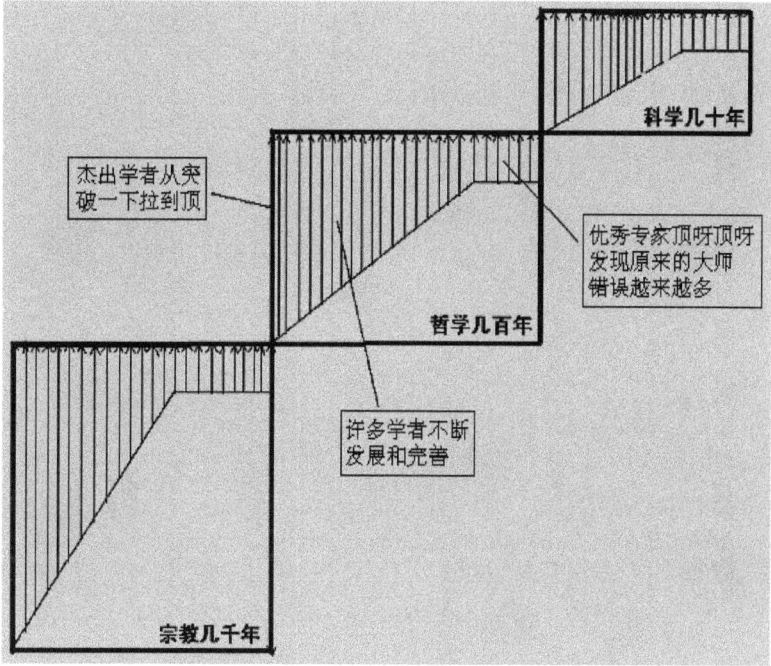

圖 19-6　宗教（.）、哲學（o）和科學（1）的發展

上圖說明，宗教理論幾千年才被突破，哲學理論是幾百年，而科學理論是幾十年就被突破了。越是重要的宗教家、哲學家、科學家，其智慧和經驗通常將研究領域推的很高，對後人造成的壓力層越厚，等後人發現重要的學者錯誤越來越多時，大突破就開始了。

大宗教家耶蘇，一生充滿傳奇，生前被指傳播異端邪說而被吊死。但他死後被信徒捧為神，其教義形成厚厚的宗教智能壓層，壓制著任何其他哲學學說和概念，更有人因反對教會的壓制，傳播自然哲學或科學而被處死，布魯諾就是其中之一。而由他造成的宗教戰爭從未停過，百萬無辜信徒生命隨他而去。

　　大哲學家馬克思一生顛沛流離、四處流亡，生前被指宣傳反動革命邪說、破壞國家穩定而成無業難民，最後貧困而死。但他死後，他的哲學理論被一些國家捧為經典，並用來推翻舊政府和壓制反對派，多少人為推銷革命而死，又有多少人至今仍被關押在獄中。

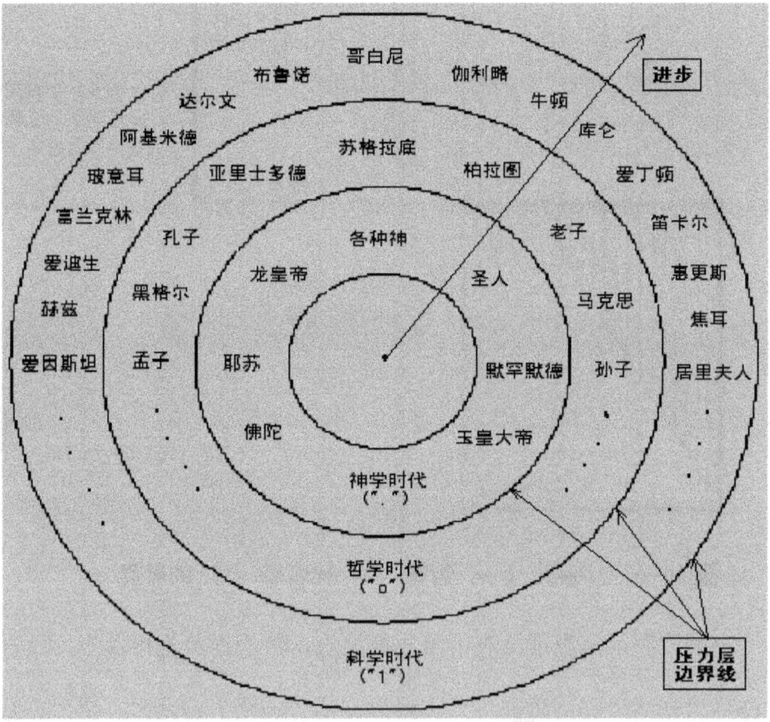

圖 19-7　　宗教（．）、哲學(o)、科學(1)的重要人物為
宇宙法則做了貢獻，但是否也形成壓力？

大科學家牛頓自從發現了萬有引力定律，被認為已達科學頂峰，他也覺無事可做而轉去研究宗教。

當今物理學發展停滯，也使一些科學家轉去研究宗教。所以，科學不能突破就會回到宗教，然後再週期地宗教、哲學、科學地來回翻騰，直到有一天科學能突破上到高層能級。

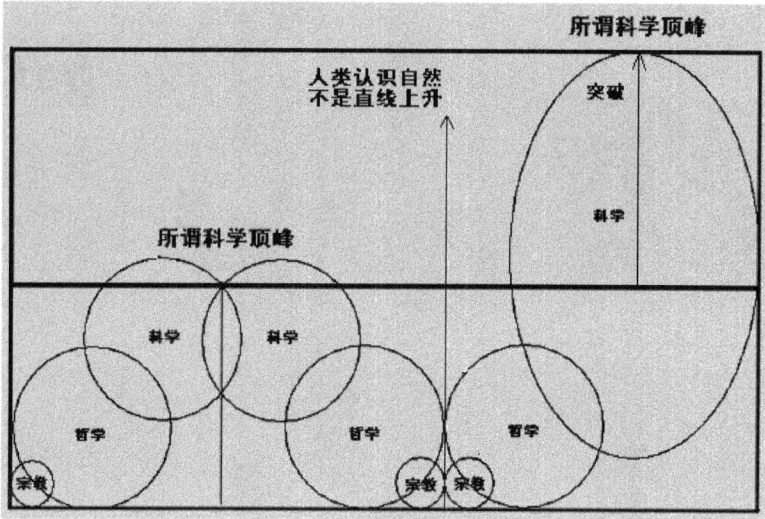

圖 19-8(1) **宗教(.)、哲學(o)、科學(1) 在能級中週期循環，但科學領導突破。**

我常常聽到許多年青人抱怨說，當今世界伯樂（中國古代能識千里馬的人）太少，才能不能發揮。只因目前的伯樂不同於古人，認為毫無突破的學術才能沒有爭議，沒有爭議才能保住學術地位，所以才有人浮於事、互相扯皮、浪費資源。當然還有一些專家將資料造假，騙研究經費的。

宇宙中有許多高智慧的外星人，只是沒一個願意提供技術給地球人，不但如此，他們還要在技術上壓地球人，以防止地球人與他們爭空間。地球上也有許多智慧的科學家，但沒一個願意將周圍的貓、狗都變成人，因為耽心它們會與地球人爭土地和水資源，如果繁殖太多還要打死一些，如澳大利亞每年都要打死些兔子。四平八穩和老生常談是人類都喜歡的規律，這就是大部分人都理解"o"，而很難接受"1"。

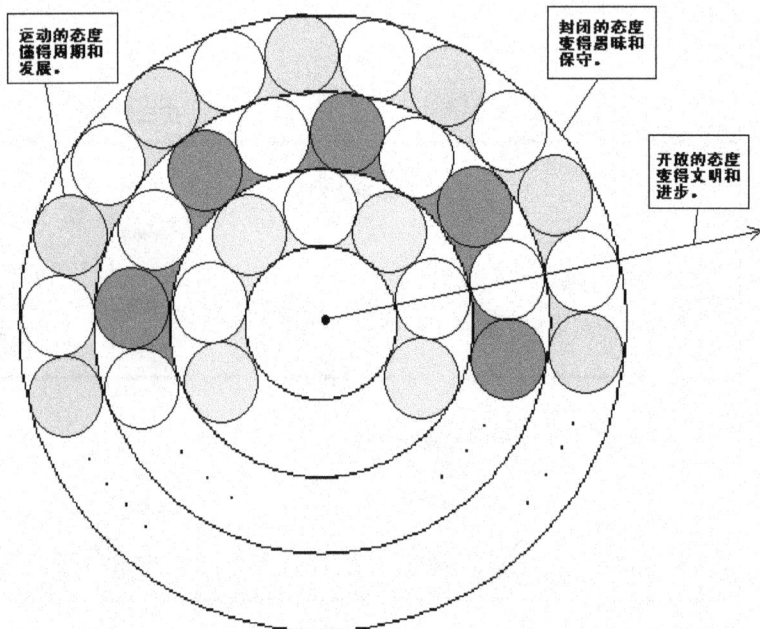

运动的态度懂得周期和发展。

封闭的态度变得愚昧和保守。

开放的态度变得文明和进步。

圖 19-8(2)　　宗教(.)、哲學(o)、科學(1)在小"o"上來回轉，科學突破後就從小"o"能級進入大"o"能級。

幾百萬年前的非洲，在一大群猴和黑猩猩中間出現了幾隻怪猿，它們會使用工具，因此它們被認為是異類，被追打、被驅逐，不得不遠走它鄉，如亞洲和歐洲。這些異類就是人類的祖先。

而從 5000 年前到今天，所有創造性的理論都被所謂統治階級列為異端邪說，被打壓、被迫害，他們忘了人類的祖先是怎樣過來的。而被打壓的理論和被迫害的人們，無一不是人類文明進步的標誌。

跟上來吧！你們都會成為神（黑猩猩就這樣看類人猿），停在那裏，你會倒回猿（人類就這樣看類人猿）。

五. 總結

在人類認識自然的過程中，有三種主要的研究方式：

第一種是"1"式，也叫順藤摸瓜式。就是延著一個專業一直走下去，發展到最後，數學越來越複雜，實驗越做越困難，直到無法繼續下去。

第二種是"o"式，也叫橫向交叉式。其特點是一個專業走的太遠了，就橫向找其他專業看看，如物理轉化學、化學轉生物、生物轉醫學……，這就是交叉研究。

第三種是"."式，也叫基本式。其特點是先拋棄所有目前專業公式，回歸原始，從最基本入手。基礎通常只是一個簡單的哲學概念，且只有簡單數學，象牛頓萬有引力，愛因斯坦的質能方程和普朗克能量子公式等，都極簡單，但從後來的發展看，這些都是基礎。

本書遵循"基本式"概念，倒回剛上小學的公理，這大概是最原始、最基本的了，只有這樣才能深入到整個生命智慧科學、自然科學和社會科學的基礎。

"."、"1"、"o" 是最簡單的概念，人人都知道它，每天都用它，但不是人人都理解它。它象數學，但不是數學；它又象哲學，但不完全是哲學。左想是理，右想也是理，一但將它推廣，它真是不朽。 這個公理文字表達不出，但卻隨無形、有形而變化；數學推演不盡，卻將整個世界溶為一體。大自然的哲理，偉大的宇宙法則，化複雜為簡單，化心靈、邏輯和哲學為自然科學規律，我們該怎樣形容它呢？

本書試圖用最淺的理論解釋最深的道理，使你永遠保持清醒的頭腦，站在洞口上。不要被一大堆八股宗教經文繞的頭昏眼花，不要讓一堆複雜的數學公式擋住了你的雙眼，你要清楚簡單地看到事物之間的聯繫。我們希望人人都能看懂此書，即使你只有小學水平，你也能體會其中的中心思想，感受宇宙的真諦，進入當今世界的最前沿。

前人的評論：

學而不思則罔、思而不學則殆。

– 孔子 –

善政不如善教之得民也，善政民畏之，善教民愛之。善政得民財，善教得民心。

– 孟子 –

第三篇　結論

Part three: Conclusion
(".")

有詩為證:

萬法歸宗何處尋，宇宙法則是重點。
對立統一為真理，新陳代謝各占邊。
數理生化天地有，史律政經盡其間。

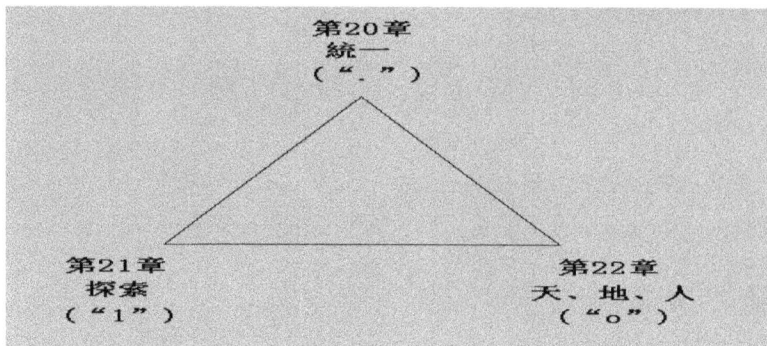

第 20 章
Chapter Twenty

統一
Unity

問題和討論

1. 為什麼說探索（"1"），發展（"o"）和總結（"."）是人類認識和發展的總規律？

2. 為什麼說經典物理是"樹幹"，量子理論是"樹葉"，而生命智慧理論是"樹種"？

3. 為什麼說將所有學科都統一起來才叫大統一理論，包括科學家不屑一顧的政治和文學？

4. 為什麼中東人，西方人和東方人是按"."、"1"、"o"思維分佈的？人類種族和水土變化與地球生命智慧體有關嗎？

5. 為什麼任何語言文字結構都貫穿著宇宙法則？

一. 引言

任何一部書的結構都有引言（"1"）、內容（"o"）和結尾（"."）三部分；任何書的內容都在講述著一個基本的法則："探索、發展和總結；然後再探索、再發展和再總結"，這是人類認識和發展的總規律，也是"."、"1"、"o"規律。

探索或突破是"1"，穩定發展是"o"，總結提高就是"."。所以就有"."產生"o"和"1"；然後"o"和"1"再反過來產生"."。更具體的說就是，一個理論被首先突破，然後穩定發展一段時間，最後被總結；然後再突破，進行下一個循環。從虛、實兩方面講，又可說成"實踐、認識，再實踐、再認識"的唯物辯證法哲學。我們常說的"對立、統一"也是"."、"1"、"o"，對立是"o"和"1"，統一就是"."。

物理學的發展就是一個最好的例子，牛頓對宏觀物理作了突破，經過百年的發展到愛因斯坦時代作了總結，然後對微觀物理作了再突破，一直發展到今天，沒有總結，也沒有再突破。而虛、實兩方面則有"實驗、理論，再實驗、再理論"的反復總結和發展。

二. 自然科學

在二十世紀，自然科學最神奇的發展就是量子力學了，現在連小學生都知道量子力學是怎樣建立起來的。如果我們將大爆炸開始時的中心看成樹種；目前的星系、恒星就是樹枝；高能粒子、原子的數量最多，跑的最遠、最快，就是樹葉。量子物理學家把這一大堆雜亂無章的樹葉子撥弄來、擺弄去，最後不得不用統計學表述它們。有的科學家把樹葉折斷了，看到葉頸中的"."、"1"、"o"結構，這就是原子結構。

實際上，整個葉子長的也不是毫無規律，而是象一個圓圓的大蓋子扣在樹幹上，這是粒子的衍射現象。由於葉子和葉子本身各呈時空系統，看起來又有許多許多時空維，這是弦理論。

現在科學家的工作是砍葉子，就是減少時空的維數，只留下樹枝，但離樹幹、樹種還有很大距離。也就是說，雖然樹葉是從樹枝上長的，但用樹葉來表述樹幹就可能存在問題。說的更具體點，用微觀系統表述宏觀系統是困難的。

愛因斯坦有句名言，叫"上帝不會擲骰子"。其實，不是骰子而是樹葉，樹葉比骰子複雜的多，有各種形狀，就象不同原子結構組成各種化學元素；落到地下的樹葉有正反兩面，可開大開小，象個骰子；采一片樹葉，就是整個樹的全息圖像；切開看，自成時空維，這就是為什麼量子理論如此複雜。

按宇宙法則，種子或果實是從接近樹葉上結，因此樹葉理論（量子理論）應能得到種子的公式（生命智慧理論）；樹種（生命智慧理論）再得到樹幹（經典理論）公式；從樹幹（經典理論）再到達樹葉（量子理論）這是人人都知的歷史了，這是一個大循環。物理學缺少樹種公式是不爭的事實，這也就是當前天體物理學的大熱 ------ 暗物質或暗能量的研究。

不過，科學家內心的矛盾也在於，他們不想要樹種公式，因為他們覺得這更接近"神學"。這就使暗物質或暗能量的研究變成死能量、死物質，雜亂而無總體結構，最終導致物理學不能統一。另外，在實驗室裏，除了科學家自己是生命智慧體，其他都是機械的死東西，讓死東西研究科學家，還是科學家研究死東西，這使"唯物"的科學家真是兩難。

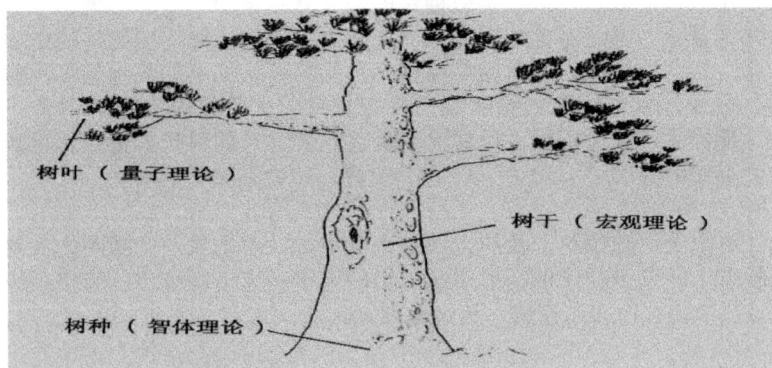

樹叶（量子理论）
樹干（宏观理论）
樹种（智体理论）

圖 20-1   **智慧樹**

雖然本書在第4章、第7章和第8章對樹種（ 生命智慧體 ）的概念和公式作了一些初步討論，但離樹種的本源還有一定距離。只因研究樹種要比樹幹、樹葉還要困難，它不是在地面上而是在地裏面，要挖地才行，如對人腦中心、地球中心、太陽中心、銀河系中心、直至宇宙中心，我們真是一無所知。

作為總結，儘管我們可能再花上幾百年或幾萬年的時間，終於建立了完整、複雜的樹種、樹幹和樹葉公式，并將其有效地統一起來，物理學家這時可算舒了一口氣。不過當他們再回頭一看時，頓時恍然大悟，原來建立的複雜理論核心，只是小學生就讀過的幾個未證明的公理，".""、"1"、"o"而已。

實際上，最簡單、最廣泛、最大的統一就是".""、"1"、"o"。

三.　社會科學

社會科學的草根理論相當於自然科學的量子理論，發展和建立與量子理論是前後腳，近代的一些革命理論都屬於這一類。其核心是剷除舊種子（"."），在樹葉處產生新種子，說白了就是喚起民眾起來推翻統治階級。許多民眾為此理論付出了寶貴的生命，屍首象垃圾一樣扔在戰場上，其壯烈程度連鬼神都驚。而犧牲的部分戰士被冠以英雄烈士稱號，使他們成為崇拜的偶像，以便鼓勵更多民眾用自己的身體當炸藥包和堵槍眼。

這種理論與量子理論一樣不完善，只因它只強調推翻統治者，推翻以後怎麼辦？新統治者採取什麼新統治制度就說不清，結果不得不倒回原來的舊體系而成為新的壓迫者，民眾仍象樹葉一樣隨著春夏秋冬的政治氣候隨風漂落和踐踏。

從社會科學理論上，由於缺少"."理論，表現在各個國家的控制法律不建全。實際上，不建全的只是對統治者（"."）沒有強烈的法律約束，他們也不想讓法律套在自己的脖子上，這使他們有許多腐敗空間，等抓到時已經晚了，已經造成很大的損失。等到連文盲的農民都知道拿起鋤頭說不時，整個社會的大動盪就開始了。

只因大部分的法律是對人民的，是對草根的，如果加上對官僚統治階級的懲治，或不能推動社會進步、阻礙國家發展就下臺，統治者自然會小心管理國家，重用人才，監督屬下不敢腐敗胡為，".".理論立即就健全了。

我們可以看到，當今世界有一百九十多個國家，也就是有一百九十多個總統（種子），如果將他們排排隊，你不難發現，他們在原始、奴隸、封建、民主、統一這個大週期上各占一個位置，呈 **圖 18-1（1）**分佈，種子的思想在什麼水平，這個國家就是什麼水平，因為種子是按它的水平統治樹葉的。誰說種子不好，樹長的不直，對不起，不是將其抖落，就是被趕走，甚至於迫害，人民毫無選擇。

如果有戰爭，也是這一百多個總統想打，他們唯一的手段就是說自己代表國家，將全體國民都綁在戰車上 （當然排除打擊邪惡恐怖分子）。在歷史上，不知有多少戰爭是因為統治者的私人恩怨或爭奪女人而引發的，如特洛伊戰爭就是一例，十年戰爭，死人無數，只是為了美女海倫而已。

所以，國家的統治者同一些科學家一樣都不喜歡".". 理論，一是在政治範疇，另一是在生命智慧範疇，這就是為什麼這部分進展的非常緩慢的原因。只是因為".".理論是他們的死穴，也是人類智慧的最後一個堡壘。

四. ".".、"1"、"o"的表像

實際上，宇宙法則本身帶有虛、實表像，如果符號".".、 "1"、"o"表示實的表像，就構成幾何學和代數學的基礎，也是主要的自然科學基礎，用以描述自然界的一種實象。以".".、"1"、"o"為基礎推導出來的數學公式，只是一個個公式的延伸，上一個公式不成立，下一個也不成立，不論推導的多麼複雜。

如果符號".".、"1"、"o"表示虛的表像，這是統計學的基礎，如".".代表一種聚合力量，就像是許多小".".不斷在向中心大".".聚集；

254

"1"表示離散方向，"o"為一種穩定，實際應用則表述政治、經濟學、量子力學和熱力學等。

這種所謂的實、虛表像，也貫穿在整個文學、藝術、美術和音樂中，如曹雪芹的"紅樓夢"一書，大量人物、山水、花鳥實象描寫的背後，卻隱藏著一種對現實和社會的抨擊 ------ 虛象，這虛象就是心靈聚合。而書中所表現的家庭興衰，朝代更替也正是宇宙法則的綜合體現。因此，它自然成為文學的經典。

東方文字來源於象形文字，著重於虛象；西方文字來源於拼音文字，著重於實象。可當代東方作家追隨西方文化，只求寫實，失去東方的意境美；只求數量（有的寫達 100 多本），沒有了質量（儘是些坯子文學），結果文學價值至今無人超過"紅樓夢"、"三國演義"、"水滸"和"西遊記"的成就！

儘管古今中外的大量文學、哲學、美學、理學著作對宇宙法則都或多或少有所感悟和涉及，作品中也創造了大量名字來解釋其之間的內在關係，但似乎是透過一大堆樹葉來看一些模糊不清的樹幹，對其所表現的波粒兩象性并無直接表述。實際上，波就是"."、"1"、"o"的表像，粒就是聚合力量的虛象。

五. 交替發展

前面已講，人類的認識是交替發展，之所以交替是因為"1"和"o"的交叉。幾百年前是宗教占統治地位，後來，科學又代替宗教占領導地位直到今天。但如果科學不能進一步突破，相信"唯心"的宗教將再占統治地位，但也許不是過去意義上的宗教，而是一種超越目前自然科學和社會科學的一種全新科學，因為生命智慧科學可能要與以上兩種科學并進，本書就作為起點。

所以這個世紀將是研究"."的世紀，研究"."就更接近於神。"唯心"和"唯物"只是一對矛盾，它們可互相轉化，硬性地堅持哪一個都是錯誤的。

有些科學家可能要擔心了，他們的統治地位有一天將受到動搖，但有多快，取決於科學家的接受態度，如果象幾百年前教會壓制科學家的心理，時間就要加長。但社會是發展的，是交替發展的，誰也擋不住誰，宗教擋不住哲學，哲學擋不住科學，科學也擋不住宗教，這種循環規律就是宇宙法則。

圖 20-2　　　教庭在壓制科學家伽利略（Galileo）認錯

六. 西方人、中東人和東方人

"."、"1"、"o" 的神妙之處還在於將地球人類自動分類。如中東地區是東、西方文化中心，所以中東人最信神（"."），有關神學理論和神學大師，如基督耶穌、穆罕默德都來自此地；向東進入亞洲，亞洲人最信仁義道德（"o"），有關 "o" 的哲學和理論，"o" 學大師，如孔子、老子、釋迦牟尼都來自東方；向西進入歐洲，歐洲人對科學（"1"）最執著，有關科學理論和科學大師，如牛頓、愛因斯坦都來自西方。

是什麼原因使這些地區成了培養不同大師的土壤？具體的說，是什麼力量使他們呈 "."、"1"、"o" 思維分佈呢？

256

再看，西方人個子平均高些（"1"）；而東方人個矮些（"o"）；中東人居中（"."），人種狀態，居住的地理位置，一一與之思想和發展對應，真是太奇妙了！

進一步，南半球和北半球人的性格和體格不同，同樣是北半球的人，北半部和南半部的風土人情也不同，如果長期居於一地就更加明顯。這種水土關係就是地球或太陽生命智慧體在不同地區釋放的不同能量，不同地區的人吸收了不同能量所致。

從人類的古文明史來看，全球的古文明多出現在地球南北緯度 30c°附近，也許正是這一地區的溫度同人體溫度相適應，有利於吸收地球和太陽生命智慧能量所致。

七. 語言文字

我們講話、寫文章的每一個句子都由主、謂、賓、狀語組成，這也是宇宙法則。主語為"."，謂語為"1"，賓語和狀語為"o"。如"我是一個學生" 這句話，"我"為"."；"是"為"1"；"一個學生"為"o"。不按語法（宇宙法則）講話，別人聽不懂或認為是文盲，所以每一個人都在不知不覺地運用和發展"."、"1"、"o"宇宙法則，但卻不自知。

每一種語言文字都有它們本身的"."、"1"、"o"性，如有些字在文章中大量出現，幾乎每句話都有，缺它們不得，這些就是"."性字；有些字是基礎字，只不過幾千個，學好這幾千個，你就可看一般書了，這些就是"o"性字；而有些字這幾年常見，但後幾年全部消失了，這些就是"1" 性字。這種文字群體的"."、"1"、"o"關係在"康熙大字典"上得到了印證，因為上面的字大部分都無用，只因偏離了"."、"1"、"o"而被淘汰了。

有時創造的名字太多、太快，連編字典的編輯都趕不上其速度，如科技、電腦和網路辭彙。有時一些名字把地球人搞亂了，當一個新個體出現與其他個體不同時，就以為是重大發現，但當同一個體連續出現并變成群體時還是表現為"."、"1"、"o"。

電子衍射實驗就是一例，一個電子不能看出什麼，一群電子就表現為幾率波；一個人站在那裏也許有其個人特點，但一群人站在一起，自然就形成 "."、"1"、"o"，沒有誰強迫他們，這就是人類群體的波粒兩相性。

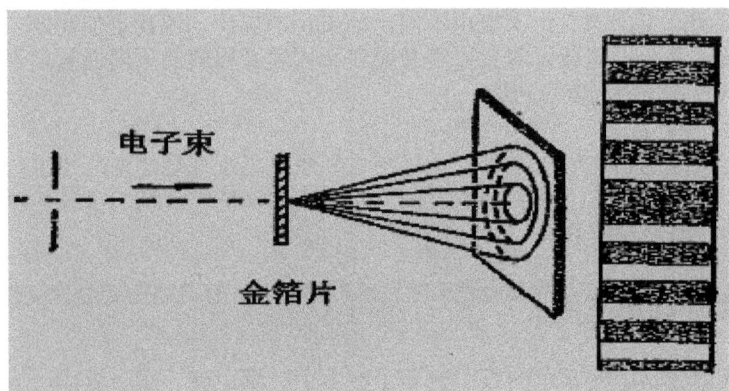

圖 20-3   一個電子不能看出什麼，一群電子就表現為幾率波

如果有哪個國王說："我就不信邪，我要讓全國民眾各幹各的，想怎樣就怎樣，無法無天，一盤散沙"。但沒過多久，這個國家就被信 "."、"1"、"o" 的國家滅掉，最終還是并入 "."、"1"、"o"。

八. 總結

在東方，歷史上有許多優秀的哲學家、科學家，如中國的古代，有當時先進的四大發明。但東方人的發明被東方人自己發揚光大的不多，既使到如今，許多優秀的人才和發明創造也是在西方成長，為什麼會這樣？這多歸東方的統治階級腐敗，他們通常是認人唯親，不是唯才，所以發明創造得不到推廣。統治階級的思想也比時代落後半個節拍，如在封建制時代，他們的思想停在奴隸制；民主制時代，他們的思想還在封建制。

258

一但東方統治者的思想跟上時代，甚至超過時代，其國家的強盛也是史有可鑒。再以中國為例，原始制時有三皇五帝；奴隸制時有成湯、周文王；封建制時有漢武帝和唐太宗，他們的智慧和思想都超過了時代，所以整個國民智慧被帶起。但民主制有誰呢？不過是跟一跟西方而已，他們失去了東方人的創造性。

東方的統治者一代一代被推翻，甚至連根拔起，但他們仍然不願接受教訓，管理國家是人制（"."制），（自認為是神），就象人管動物，給你們吃就吃，不許亂叫；當今世界先進國家是法制（"o"制），是規定一個不可超越的範圍；將來是智制（"1"制），因為未來智人從不犯法，法律對他們來說是空設。他們不但靠自己的智慧來約束自己，而且要超過這些條條框框進行再創造。

雖然這部書對宇宙最高法則"."、"1"、"o"講了很多，但真正的解釋還只是大海裏的一滴水。儘管目前是知識大爆炸時代，但有一天，這些爆炸的知識將被回壓成一個樹幹，最後回歸樹種，所有樹葉將被一掃而光。整個宇宙的大量信仰和教派也會被壓成一個教派、一個信仰、一個神，這個神沒有名字，只有一"."。和平和穩定是長久的，因為它們代表了"o"。

前人的評論：

人類的使命在於自強不息地追求完美。

應當仔細的觀察，為的是理解；應當努力地理解，為的是行動。

— 羅曼羅蘭 —

259

第 21 章
Chapter Twenty One

探索
Exploration

問題和討論

1. 什麼是萬能公式，如何用它建立大統一理論？

2. 自然科學對應的能量守恆意義是什麼？

3. 社會科學對應的控制守恆意義是什麼？

4. 生命科學對應的智慧守恆意義是什麼？

5. 什麼是宇宙法則的三位一體？

一. 引言

大多數物理學家的夢想是想將物理學公式統一起來，具體的說是將龐大物理理論體系壓縮成 ".."。但人類的總目標是將所有學科都統一起來，全部壓縮成 ".."，包括自然科學家不屑一顧的神學、政治、文學、美學和音樂。

二. 大統一理論

從前幾章我們可以得出，宇宙法則包括三個部分：生命智慧科學（"."）、自然科學（"1"）、社會科學（"o"）。每一種科學再分 "."、"1"、"o"，如

1) 生命智慧科學 （"."）：

（實） 本生（"."）、超生（"1"）、自生（"o"）。
（虛） 本智（"."）、超智（"1"）、自智（"o"）。

舉例，對具體人來說是：

本生的表現是悲哭（"."）、超生是怒吼（"1"）、自生是喜笑（"o"）。
本智的表現是本我（"."）、超智是超我（"1"）、自智是自我（"o"）。

對具體天體來說是：

本生的表現是發光（"."）、超生是噴發（"1"）、自生是穩定（"o"）。
本智的表現是本體（"."）、超智是超體（"1"）、自智是自體（"o"）。

2) 自然科學 （"1"）：

（實）　質量（".”）、空間（"1"）、時間（"o"）
（虛）　智體（".”）、引力（"1"）、能量（"o"）

3)　社會科學　（"o"）：

（實）　總統（".”）、人民（"1"）、國土（"o"）
（虛）　政府（".”）、經濟（"1"）、法律（"o"）

以上社會科學部分還可再分".”、"1"、"o"，如"經濟"又分國家銀行（".”）、資金（"1"）、公司（"o"），而且一直可分下去 ……… 。

總之，從上到下是一層套一層的".”、"1"、"o"能級結構。特別要提到的是，".”、"1"、"o"本身并無名字，但它們遍佈人類智慧的各個學科、各個領域，從大爆炸後就形成了。人類的不斷研究和探索，也只是將這些大大小小的"o"和長長短短"1"起上不同的美麗名字。這些名字只是便於分類、分科、記憶和交流而已，如易經就是將大大小小的"o"和長長短短"1"起上了名字。起上名字更接近實用，但學科變窄了，因此多只用在術數、天文、曆法等處，如天干、地支就是其中之一，因為名字限制了它成為更廣泛的工具。

三.　萬能公式

宇宙法則的基本點是".”、"1"、"o"，我們也可以說法則是".”加"1"再加"o"，由此可以得到一組公式：

$$¤ = ¤(.) + ¤(1) + ¤(o)　----- 　(1)$$

¤ 為總生命智慧；¤(.) 為".”生命智慧；¤(1) 為 "1"生命智慧；¤(o) 為"o"生命智慧。所有的自然科學、社會科學和生命智慧科學的基本關係式都可從此公式推出，因此稱其為萬能公式，下面舉例說明這公式的應用。

1.　自然科學　（"1"）

自然科學的基礎是物理學，在第 8 章，我們已經談到，質量呈 "." 性，具有 "." 能，表現為質量關係式，符號為 E(.)；空間呈 "1" 性，具有 "1" 能，表現為所控空間關係式，符號為 E(1)；時間呈 "o" 性，具有 "o" 能，表現為生命週期關係式，符號為 E(o)；E 為總能。

所以有公式：　　E = a□　　　E(.) = a1 □(.)
　　　　　　　E(1) = a2 □(1)　　E(o) = a3 □(o)

代入万能公式 （1）　　　得

$$(1/a)E = (1/a1)E(.) + (1/a2)E(1) + (1/a3)E(o) - - - (2)$$

其中　　a、a1、a2、a3 為常數

這就是自然科學的能量守恆定律，它是物理學一個最重要的定律，說明變化前後的總能量不變。這定律不僅適用於宏觀領域，也適用於微觀領域，如反物質粒子就是根據能量守恆這一假設，才在實驗中證實的。

進一步，這裏 E(.) 為內能，表現為內在的變化；E(1)為動能，表現為空間運動 "1" 的變化；E(o)為勢能，表現為能級 "o" 的變化，公式 （2）也可寫成

總能 = 內能（.）+ 動能(1) + 勢能(o) - - - - 　（3）

基本分析:

1) 牛頓發現的萬有引力為：**勢能**(o)= F r = G M m/r

　　愛因斯坦發現的質能方程為：**內能**（.）= mc^2

動能(1)= $1/2 \ mv^2$

代入（3）得實驗條件下的物理學常用公式為

263

$$E = mc^2 + 1/2\ mv^2 + G M m /r - - - - - (4)$$

2）對宏觀物理來說，當總能和內能為常數時，公式（4）變成

動能(1)　＝　勢能(o)

實驗條件下的常用公式為

$$1/2\ mv^2 = GmM/r \quad 或 \quad 1/2\ mv^2 = mgh$$

3）　當勢能為常數時，公式（4）變成

總能　＝　內能(.)　＋　動能(1)

公式應用到熱力學，可理解為，外界傳給系統的熱量，一部分用來增加內能；另一部分用來做功，此為熱力學第一定律。

當總能的發展具有方向時（後面的社會科學和生命智慧科學也要談到），此為熱力學第二定律。

4）　當宏觀物理向微觀物理過渡時，實驗條件下的公式為

動能(1)：　$E(1) = 1/2\ mv^2 = h\upsilon + A$

　　　此為普朗克和愛因斯坦光電效應方程。

本能(.)：　$E(.) = mc^2$　　　為愛因斯坦質能方程。

勢能(o)：　$E(o) = (1/4\pi\varepsilon)e^2 /r$　為庫侖力乘電子軌道半經。
因此公式（4）化成

264

$$E = mc^2 + h\upsilon + (1/4\pi\varepsilon)e^2/r \ - - - - \ (5)$$

5)　當本能 E(.) 為常數時，代入　$h\upsilon = 1/2 mv^2 - A$　公式 (5)
變成

$$E = 1/2 mv^2 + (1/4\pi\varepsilon)e^2/r \quad 為波爾能級公式。$$

6)　當總能 E 和勢能 E(o) 為常數時，公式 (5) 變為

$$mc^2 = h\upsilon \quad 此为德布羅意（De\ Broglie）公式。$$

7)　進一步到量子物理的波函數，薛定諤（Schrodinger, Erwin）
方程也是以能量守恆的動能和勢能作為基礎，如

$$\underset{(總能)}{E\ \Psi} = \underset{(動能)}{- (h^2/8\pi^2 m)\nabla^2\ \Psi} + \underset{(勢能)}{V\Psi} \ - - - - \ (6)$$

此公式是量子理論的基礎，廣泛應用於原子物理學、原子核子物理學
和固體物理學中。回顧這一段量子理論的發展目的是，由內能、動能和勢
能所組成的能量守恆定律正是宇宙法則 "."、"1"、"o" 的內在本質。

而目前量子理論發展到弦理論，幾乎回歸公理 "."、"1"、"o"
了。

8)　物理學的另一個方向是廣義相對論。1915 年，愛因斯坦和希耳伯
特同時推出引力場方程：

$$R\mu\upsilon - (1/2) g\mu\upsilon R = (8\pi G/C^4) T\mu\upsilon \ - - - \ (7)$$

265

公式右邊為物質能量動量張量，G 為牛頓引力常數， C 為光速 ，T μ υ 為張量，因為能量為 "．"，動量為 "1"，即為 "．" 加 "1" 張量。

公式左邊 R μ υ － (1/2) g μ υ R 為黎曼幾何的時空張量，黎曼幾何本是研究球對稱數學模型，R μ υ 和 g μ υ 都為曲率度規張量，即為 "ο" 張量。

公式 (7) 也可寫成

$$ο = (8 \pi G/C^4)T μ υ + [(1/2)g μ υ R - R μ υ] \,-\,-\,- (8)$$
　　（"．" 和 "1"）　　　　　　　（"ο"）

也許加上一個總能量張量 E μ υ 就更完美了，如

$$E μ υ = (8 \pi G/C^4)T μ υ + [(1/2)g μ υ R - R μ υ] \,-\,- (9)$$

總的來講，引力波方程還是一個 "．"、"1"、"ο" 公式，所以愛因斯坦說此方程表示的宇宙為有界（"ο"）、無邊（"1"）。

如果公式 (9) 的黎曼幾何（"ο"）部分能演變成量子力學的勢能函數部分（"ο"），原則上是統一了。

廣義相對論的理論基礎是引力質量和慣性質量相等，即等效原理。這可能意味著本體質量（"．"）、空間運動質量（"1"）和時間週期質量（"ο"）在生命智慧體的影響下等效，正如第 8 章所述。

2. 社會科學（"ο"）

社會科學是以控制（ Control ）為基礎，我們假設 C 為總控制，包括政治和經濟兩部分。

（1） 在政治上（ 虛 ）

人類政治社會主要表現為法律控制，所以 C(.) 為政府法（選舉法、指定繼承法）、C(1)為民眾法（民法）、C(o)為穩定法（國土法、國家安全法）。

我們也可以得到一組方程

有　　C　=　a□　　　　　C(.)　=　a1　□(.)
　　C(1)　=　a2　□(1)　　　　C(o)　=　a3　□(o)

公式意義是：

□(.) 越智慧，對政府官員的制約越完善，國家領導者更迭越健全，沒有貪官污吏和買官賣官。

□(1) 越智慧，民法越完善，民心穩定，冤、難民減少，不會造成社會動盪。

□(o) 越智慧，國土、國家安全法越完善，邊防安寧，安居樂業，沒有戰爭。

代入萬能公式（1）得

$$(1/a)C = (1/a1)C(.) + (1/a2)C(1) + (1/a3)C(o) - - (10)$$

此公式是社會政治科學的基礎，叫控制守恆定律 （或政治法律守恆定律 ），與自然科學的能量守恆定律相似。

基本分析：

1）當總控制 C 具有方向時 （ 同前面講的熱能一樣 ），如呈增加趨勢，社會進步向正的方向發展，C(.) 國家政府運作規範化、法律化；C(1)國民的智慧被聚集，人才向內集中，或從外國回流；C(o) 國土面積擴展，如果國土面積不能擴展，就擴張文化和經濟、貿易、投資等 。

舉例說明，中國古代唐太宗時，政府清廉、社會穩定、科技發達，海內外人才聚集唐大都；國土擴張、文化伸展到海外。目前是美國吸引全球人才，全球投資，好來塢文化全球擴展等。

公式（10）是上升　$C\uparrow$、$C(.)\uparrow$、$C(1)\uparrow$、$C(o)\uparrow$。

2）當總控制 C 呈下降趨勢時，社會向負的方向發展，$C(.)$ 國家政府運作腐敗、政策失控、無法可依；$C(1)$ 民心渙散、邪教叢生、人才外流、難民全球亂跑；$C(o)$ 割地賠款、外族入侵、民族文化盡失。中國滿清末期、民國初期，目前伊拉克就是這般。

公式（10）是 $C\downarrow$、$C(.)\downarrow$、$C(1)\downarrow$、$C(o)\downarrow$。

3）特殊情況，社會未進步，C 恒定；$C(.)$ 政府成戰爭機器；$C(o)$ 戰爭使國土不斷擴張；$C(1)$ 但民眾不斷死傷和減少。例如拿破崙王朝、希特勒、日本軍國政府就是這般。

公式（10）是 C 、$C(.)$ 不變，$C(1)\downarrow$、$C(o)\uparrow$。

(2) 在經濟上（實）

人類經濟社會表現為費用控制，所以 $C(.)$ 為本體費用控制；$C(1)$ 為變動費用控制；$C(o)$ 為固定費用控制。

我們也可以得到一組方程

有　$C = a\boxtimes$　　　　　$C(.) = a1\ \boxtimes(.)$

　　$C(1) = a2\ \boxtimes(1)$　　　$C(o) = a3\ \boxtimes(o)$

$\boxtimes(.)$ 越智慧，對本體費用領域控制的越完善。
$\boxtimes(1)$ 越智慧，對變動費用領域控制的越完善。
$\boxtimes(o)$ 越智慧，對固定費用領域控制的越完善。

代入萬能公式（1）得

$$(1/a)C = (1/a1)C(.)+(1/a2)C(1)+(1/a3)C(o) - - (11)$$

此公式是宏觀和微觀經濟科學的基礎，叫經濟控制守恆定律，與政治法律守恆定律相對應。

公式（11）的實際應用：

A. 對個人來說

C	=	C(.)	+	C(1)	+	C(o)
總費用		本體費用		變動費用		固定費用
		（食品）		（遊覽）		（租金）
		（衣物）		（花費）		（房貸）

Y	=	E	−	C
總利潤		總收益		總費用
		（工資）		

B. 對企業來說

C	=	C(.)	+	C(1)	+	C(o)
總費用		本體費用		變動費用		固定費用
		（原料）		（銷售）		（工資）
		（生產）		（流通）		（租金）
		（進貨）		（廣告）		（管理）

Y	=	E	−	C
總利潤		總收益		總費用

E	=	P	*	Q
		產品價格		產品數量

C. 對國家來說

$$C \quad = \quad C(.) \quad + \quad C(1) \quad + \quad C(o)$$

總費用	本體費用	變動費用	固定費用
	（教育）	（進口）	（政管）
	（醫療）	（出口）	（外交）
	（社保）	（援助）	（娛樂）

$$Y \quad = \quad E \quad - \quad C$$

總利潤	總收益	總費用
	（稅金）	
	（投資）	

基本分析:

1) 當總收益大於總費用時，即 $E>C$ 時，利潤呈增加趨勢，個人、企業和國家向正的方向發展，$C(.)$ 運作規範化；$C(1)$ 正常化；$C(o)$ 合理化。結果，個人富足；企業發達；國家強盛。

2) 當總收益小於總費用時，即 $E<C$ 時，利潤呈下降趨勢，個人、企業和國家向負的方向發展，$C(.)$ 運作阻塞化；$C(1)$ 停滯化；$C(o)$ 透支化。結果，個人跳樓；企業倒閉；國家貧困。

3) 特殊情況，總收益等於總費用時，即 $E=C$ 時，個人、企業和國家只能維持現狀，無法擴大發展。

3. 生命智慧科學（ "." ）

生命智慧科學是以生命智慧（ wisdom ）為基礎。設 W 為總生命智慧動力、$W(.)$ 為本智、$W(1)$ 為超智、$W(o)$ 為自智。

對人類來說，生命智慧科學可進一步為心靈科學，本智、自智、超智也可說成是本我、自我、超我。

也可得一組方程

$$W = a\square \qquad W(.) = a1\ \square(.)$$
$$W(1) = a2\ \square(1) \qquad W(o) = a3\ \square(o)$$

公式意義是：

$\square(.)$ 越多， 越容易從動物生理向人類生理進化。

$\square(o)$ 越多，越容易從人類生理向理性發展。

$\square(1)$ 越多，越容易從理性向道德突破。

代入萬能公式 （1） 得

$$(1/a)W = (1/a1)W(.) + (1/a2)W(1) + (1/a3)W(o) - - - (12)$$

此為生命智慧動力守恆定律（ 或心靈動力守恆定律 ），與能量守恆定律和控制守恆定律并稱為 "."、"1"、"o" 宇宙法則的三大定律。

基本分析： 在第 15 章我們已談到，

1） 當總智慧 W 增加時，本我、超我、自我都升，公式（12） W↑、W(.)↑、 W(1)↑、W(o)↑。

2）當總智慧 W 減少時，本我、超我、自我都跌，公式 （12） W↓、W(.)↓、W(1)↓、W(o)↓。

3） 當總智慧 W 不變時，本我升，超我、自我都跌或本我跌，超我、自我都升，公式 （12） 為 W(.)↑、 W(1)↓、W(o)↓ 或 W(.)↓、W(1)↑、W(o)↑。

四. 分析和擴展

三大守恆定律也可合併代入萬能公式 （1）， 有

$$\text{¤} = W + E + C \qquad ----- \quad (13)$$

即生命智慧體等於自然科學（"1"）的總能量，加社會科學（"o"）的總控制，再加生命智慧科學（"."）的總智慧，對人類社會群體來說，公式（13）的具體綜合應用和關係為：

當社會進步時（¤ 正方向）：

　心靈科學(.)↑，自我超我，奮強不息。
　自然科學(1)↑，科學春天，創造發明。
　社會科學(o)↑，法律健全，社會穩定。

當社會退步時（¤負方向）：

　心靈科學(.)↓，本我占優，罪犯大增。
　自然科學(1)↓，思想禁錮，人才外流。
　社會科學(o)↓，無法可依，貪污腐敗。

公式（13）所表示的三大守恆體系互相制約、交叉互動，構成完整宇宙法則體系。

而對宇宙天體來說也要同時遵守三大守恆體系，如太陽，遵循生命智慧守恆定律，就一定對應于發光程度(.)、噴發程度(1)、穩定程度(o)；遵循能量守恆定律，就對應於本能(.)、動能(1)、勢能(o)；遵循控制守恆定律，就對應於將行星物質聚合(.)、將行星物質驅散(1)、讓行星繞中心轉(o)。

當天體生命智慧量增加時：　能量↑，控制↑，智慧↑。
當天體生命智慧量減少時：　能量↓，控制↓，智慧↓。

而這三性正好解釋了天體具有生命智慧性(.)、物性(1) 和群性(o) 三者歸一的宇宙法則。

272

對人腦來說，遵循生命智慧守恆定律，就對應于生理能力(.)、知識能力(o)、創造能力(1)；遵循能量守恆定律，就對應於腦內能(.)、腦動能(1)、腦勢能(o)；遵循控制守恆定律，就對應于控制他人心理(.)、離群散居心理(1)、隨眾附和心理 (o)。

當代科學家對腦的細胞結構和組識結構研究的很細，但實際上，這些結構和組識都是為三大定律服務的。

總而言之，宇宙間的任何事物都從"."、"1"、"o"三性考慮，這就是哲學 ------- 研究三者關係的科學。自古以來哲學都是空泛、蒼白和教條，所以被當今科學超過。但實驗科學怎能比的上無所不包，無所不在的哲學呢？

這部書使你懂得什麼才是真正的哲學。科學能解釋的，"."、"1"、"o" 自然哲學法則能解釋；科學不能解釋的，我們也能解釋。宗教(".")、哲學("o")、科學("1")溶為一體。什麼唯物、唯心和形而上學，這只是看到事物的一面，而忽視了事物的另一方面，東方哲學中庸之道才反應自然法則。

宗教(".")進一步發展是哲學，不能發展就是教主崇拜和壓制屠殺，如早期教會；哲學進一步發展是科學，不能發展就是教條和僵化，如後人對黑格爾、亞裏士多德、馬列哲學的看法；科學進一步發展是更高能級，從宏觀到微觀、近地球到遠地球，不能發展就回到宗教，如牛頓認為宇宙是上帝和神設計的。

以宗教政治(".")統治國家，如基督教、伊斯蘭教、佛教，是宣揚教主、神；以哲學政治統治("o")國家，如孔孟之道、馬列主義，更多是宣揚教條和僵化；以科學政治("1")統治國家，是宣揚自由、民主和探索精神。

有人說這理論有點象基督教三位一體的味道，也許古人已有這種模糊感覺，因為人的感覺是共通的，只是宗教的說法與我們的不同。基督教認為，只有教主耶穌本人是三位一體；而我們認為宇宙中的任何事物，包括

生物、天體都含有三位 （ "．'、"1"、"o"）、一體 （ 生命智慧體 ）
性。

五. 總結

目前的科學似乎已走入一個 "o" 上（ 科學儀器無法達到 ），或走入
一個瓶頸裏（ 延一個專業走到了死胡同 ），要想跳入高層 "o"，就要付
出極大的勇氣，拋棄那些陳腐的概念，迎接下一個突破。

量子時代已經過去，生命智慧科學時代開始到來，本書就是一個新的
嘗試。一定要記住，不斷的體會這一法則，不斷地探索，就能提高。先從
自身開始，然後達到身外，由近至遠，等級漸高，個人是這樣，人類的智
慧是這樣，宇宙智慧也是這樣。在哥白尼時代，人類的視野不過在太陽系
內，科學技術也是初級。而今，人類的視野已達到遙遠的類星體，科學技
術水平也在不斷提高。

今人的評論：

在 19 至 20 世紀，科學變得對哲學家，或除少數專家以外的任何人而
言，過於技術性和數學化了。哲學家如此地縮小他們的質疑範圍，以至於
連維特根斯坦 ------- 這位本世紀最著名的哲學家都說道： "哲學餘下的
任務僅是語言分析。" 這是從亞里士多德到康得以來哲學的偉大傳統的何
等的墮落！

- 史蒂芬·霍金 （ 時間簡史 ）-

第 22 章
Chapter Twenty Two

"天、地、人"
Heaven、Earth、Human

問題和討論

1. 為什麼 "天、地、人" 三者混成一體?

2. 為什麼不要破壞地球的自然環境?

3. 姓名學、風水學、掌相、面相學是迷信嗎? 他們怎樣體現了宇宙法則?

4. 怎樣將宇宙法則用於金融市場的分析中?

5. "真善美" 的含義是什麼?

一. 引言

"天、地、人" 合而為一之法則，在遠古時代就已深入古代哲學家的思想，它講究自然環境與人類活動的和諧。有時天氣不好，古人打仗失敗，也要大叫一聲："天不助我也！" 為什麼古人有這種感覺，只因為他們感到自然界與人類智慧的一種有機的關係，而這種關係正是地球上任何生命與生俱來的關係 ------ "."、"1"、"o" 關係。

二. "天、地、人"

"天" 就是 "."，代表著來自遠古時代的能量。
"地" 就是 "o"，代表著一種存在的時間和空間。
"人" 就是 "1"，代表著智慧和探索動力。

三者關係混為一體，相互交織。有天就有地，有地就有人，人又反過來探索天和地。如果用當今的實用科學解釋，弄不好還可能被歸為封建迷信。一但科學進入抽象，脫離實用，進入邏輯，科學家就會變成哲學家，會用某種公式去尋找一種邏輯，而這種邏輯正是他們頭腦中固有的 "."、"1"、"o" 關係 ------ 一種來自遠古的能量。有時固有邏輯同科學實驗矛盾，他們會首先懷疑實驗，然後再千方百計找辦法修正實驗而遷就邏輯，這就是 "天、地、人" 三者的關係，一種自然規律的法則。

有時人類并不自知，他們會認為，有了實用科學作為武器，人就成為天地的主宰，萬物都是死東西，提出的口號叫 "人定勝天"。其結果是，亂砍亂伐、水土流失、草原變荒地；要不就是到處排污水、廢氣、挖礦、打井。地球生命體的皮膚被人類的活動搞的千孔百瘡，就如同人的皮膚被蚊子叮的到處都是洞和包一樣。

人被叮急了就反手打死蚊子，地球生命體氣了，也要向人類報復。

首先，挖空的地層會形成大地震、火山爆發，如中國的唐山煤礦，將唐山市地下全掏空，一直深入到渤海灣下，其抗震能力徹底消弱，代價是二十四萬民眾的生命。

276

圖 22-1　　1976 年 7 月 27 日唐山大地震使有二十四萬多民眾死亡

　　到處排污水、放廢氣會造成地球表層污染。因為地球生命體是通過自轉調節地球表面的海洋和大氣環流，污水和廢氣會造成海洋和大氣循環凝制，特別是使地球生命體磁場紊亂或調節機制失靈而生病。這種生病就是溫度升高 ------- "溫室效應"，同人類生病一樣，也是溫度升高 ----- 發燒。

　　全球的沙漠化有很多也是人類活動造成，如亂燒森林、亂建水庫、水源枯結、土壤變沙漠。

　　社會學者常常提到尊重人權，結果是人想怎樣就怎樣，從沒有一個學者說要尊重地球生命體的權利。因為他們的理論就認為："地球不是生命的，是無生命的，就如腳下的磚頭，我們可以隨意破壞它。"即使有人反對破壞地球環境，那也是從人的角度，從人生存環境方面考慮，而不是從地球本身是生命體方面考慮。

　　想想蚊子，它根本不管什麼人權，它只關心自己的生存權，那就是要吸血。所以它們從不問一下人是否同意，就把吸管狠狠地刺入人的皮膚裏，飽餐一頓血後，還要吐出一大堆廢物，讓人癢的受不了。

　　同理，人類油井架下的鑽頭，也從不問地球是否同意，就深深地插入地層中，毫不客氣地拼命吸油，抽天然氣，然後再讓煉油廠和汽車排出大量廢水、廢氣污染環境。有些國家更為爭油而大打出手，死傷生靈。

我們的地質科學家和工程師最喜歡拼命找油和建煉油廠，因為誰找的多，誰就是勞動模範。我們真不理解，這眾多油田科學家和工程師怎麼不快想想找新能源代替汽油呢？這將會給人類帶來多大的貢獻？其意義不僅是減少世界各國對中東石油的爭奪和依賴，也減少各國沿海大陸架的磨擦和戰爭，更是給子孫後代積福。

　　當然，目前也有少數科學家在研究新能源，如用電池汽車、氫氣汽車或太陽能汽車代替現在的汽油車，但人數太少且進展緩慢。只因國家投入少，見效慢。如果美國願意將買幾個恐怖份子人頭的 $2500 萬美金用於獎賞誰能將充電池汽車、氫氣汽車或太陽能汽車用於商業實用的科學家多好。

　　總之，給地球生命體一個自然的環境、尊重它的權利和生命，人類會得到一個好的回報。

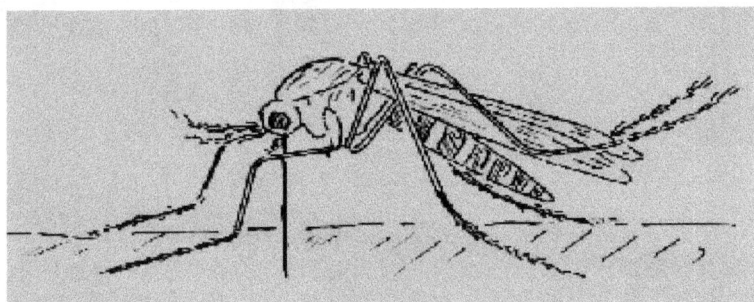

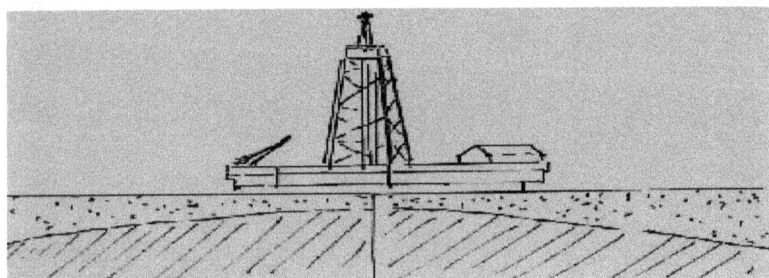

圖 22-2　　　蚊子和油井

278

三. 風水、掌相、面相、命名學

有一個風水、掌相、起名師傅問我：“宇宙法則講的很好，但如何將宇宙法則用在風水、掌相和起名上呢？” 我想了想說:“風水、掌相、命名主要是運用陰陽、天地人、五行、八卦原理，為什麼它們能存在這麼久，只因它們符合宇宙法則”。這也包括中國的中醫、中藥理論體系，採用陰陽結合診病、治病，與現代西醫體系不同，但符合宇宙法則，所以稱為自然法則。

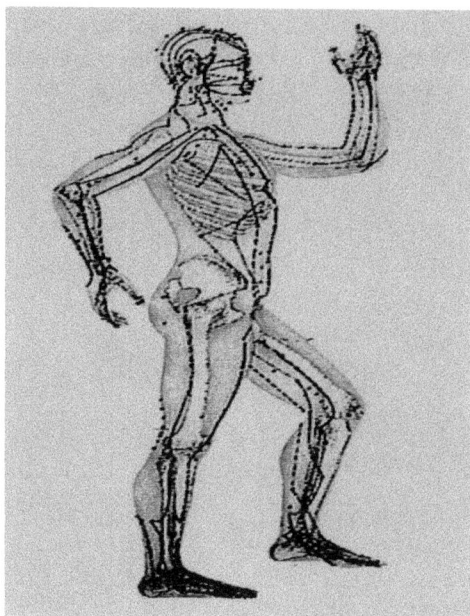

圖 22-3   人體針灸穴位

另外要提到的是，為什麼要用陰陽（兩極）、天地人（三要素）、五行（五種元素）、八卦（八個方位）這幾個數作代表，因為它們暗含著菲波納奇數列 2，3，5，8，…… 這幾個與圓有關的數列。

本書不是一部專門討論命相的書，只是就其中一些與宇宙法則 "．"、"1"、"o" 共通的部分加以解釋，下面試舉幾個實例。

1. 命名

目前市面上有許多研究姓名學的書，通常認為姓名不僅僅是代表一個人的符號，也聚集著一定的能量場，對人生有重大影響。

人的姓名分析主要有幾種，一種是筆劃法，由十九世紀初的日本學者雄崎健翁進行整理，將其分成天格、地格、人格和總格來分析漢字的姓名。中國字是來自一幅畫，畫本身就具有實、虛和 "．"、"1"、"o" 結構，增減筆劃實際上是增減畫的層次和結構，用於造成能量場的變化。

"天格、人格、地格" 代表著 "．"、"1"、"o" 之意，用漢字的筆劃來推算人的運勢，是 "實" 推算。但有時不全面，特別是當姓名有簡、繁體等多種寫法時，就可能得出相反的結論，如簡體字的姓名是大吉，繁體字的姓名就是大凶，反之亦然。

下面採用 "毛澤東" 這個名字作為一個比較簡繁體的例子。

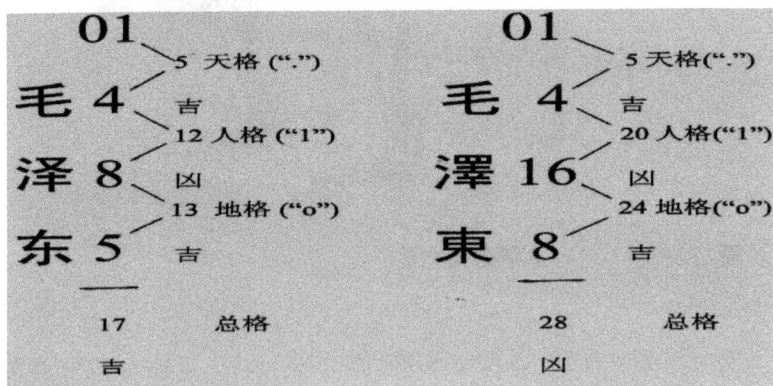

圖 22-4   筆劃法

每一幅好畫，不但有表面色彩和層次，還有更深的一層意思 ———————
意境。每一個漢字，除了筆劃，其中也表達了一種深刻的含義，這就有了
另一種方法 ——————— 字意法。字意法就是根據字中的意義來測定人的能量
場。前面講了，虛決定於實，人姓名中的意思所帶能量場大於人姓名筆劃
的增減，也是人生的主運。

　　人姓名中的意義同筆劃一樣也含有 "．"、"1"、"o" 之意。

天格是先祖留傳下來的，通常是人的姓，稱 "．"。
人格是姓名後面的字，是動能所在，影響人的一生運作，稱為 "1"。
地格也是姓名後面的字，影響人的環境，稱為 "o"。

　　注意，人格和地格不分前後，無所謂中間字或結尾字。

　　再拿毛澤東三字舉例，"毛"字是先祖留傳下來姓，屬天格，但本身
又有小點之意代表 "．"；"澤"字是寬廣之意代表 "o"，同地格對應；
而"東"字是方向，代表 "1"，同人格對應。有明顯 "．"、"1"、
"o" 意思的名字能量強，對人的一生有重要影響，姓名中用簡繁體漢字
並不重要。

毛	表 "點" 意	天格 （"．"）
澤 （泽）	表 "圓" 意	地格 （"o"）
東 （东）	表 "綫" 意	人格 （"1"）

圖 22-5　　　　　字意法

　　西方人的名字與東方人不同，用筆劃法就無法分析，但用字意法就一
目了然，也有 "．"、"1"、"o" 的意思。 西方人名字的字多用宗教

的名字，如 David 和 Peter 等，同神和信仰有關，是 "." 性字。意思不好的家族姓氏，對人生也有影響。

2. 風水學

風水學同姓名學相似，也有 "."、"1"、"o" 的意義。從總體看：

"." 是天時，代表一個國家的社會和政治穩定程度、投資環境和人文狀況。

"o" 是地理，代表一個國家的地理環境，山川、大河，以及大、中、小城市的分佈情況。

"1" 是人和，代表一個國家的人民是否團結一心，支持政府和推動社會進步。

如果一個國家的基本情況比較好的反映這三條，對投資該國的物業、房產、商業和股市一定不會錯。如果不好，投資股市、樓市只跌不升。

在國家的大環境反映宇宙法則下，小環境也應反映宇宙法則。具體到一個物業、一個房產，就要考慮到它是否座落在一個城市的中心（"."），是否有河流、公路和鐵路網環繞（"1"），周圍的工、商業環境如何（"o"）。遠離城市，邊遠鄉村，只有農田，無有工業的地區，對投資也有影響。

再進入房子內部，如房子中心的神像、魚缸或主要裝飾物為（"."），表示主人的信仰；廚房、臥室、廁所等輔助設備為（"o"）；連接的走廊為（"1"），三者關係構成的美感對投資人的情緒和心情有影響。

這些關係所形成的法則構成了主要分析風水學的基礎。

可有些風水師偏離法則，道聽塗說，瞎編亂騙，左青龍、右白虎一番，就立即成為封建迷信。如有一次，筆者進了一個雜貨鋪，看見店裏放了一排魚缸，就問店鋪老闆："你們放這麼多魚缸是不是賣魚呀"？店鋪

282

老闆立即回答說："我們不是賣魚，只是裝飾，取'年年有餘'之意，放的'魚'越多，'餘'越多，這是一個本地有名風水大師的推薦"。我這才省悟，原來'餘'與'魚'同音，這些魚才被特別優待。但沒過幾個月，筆者再去這家店鋪，他們已關門停業了，大概這麼多'魚'也沒幫他們什麼忙。一念之差，風水成了江湖術士的騙人把戲。

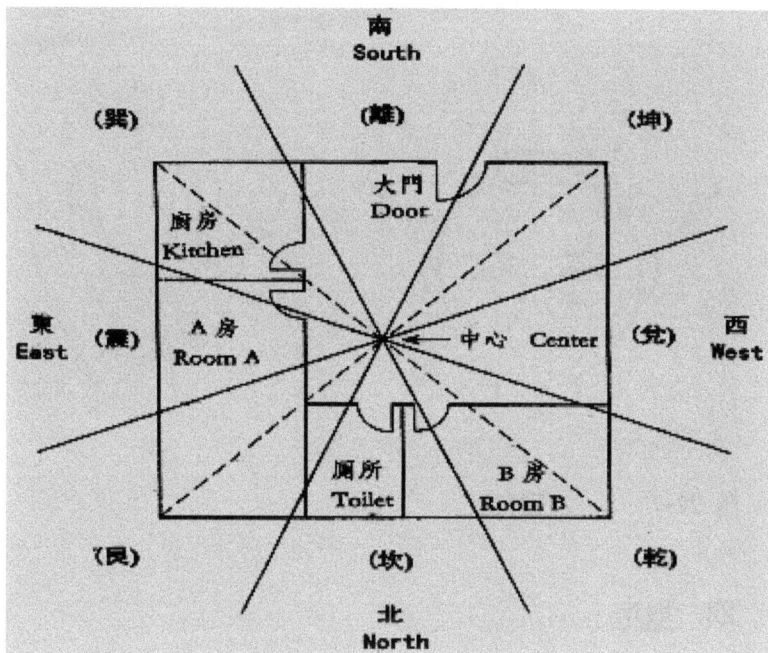

圖 22-6   房間的風水

3. 掌相和面相學

一個手掌、一張面孔就是一個 "." 、 "1" 、 "o" 的表像 。手心為 "." ，手掌為 "o" ，手指為 "1" 。大腦為 "." ，頭型為 "o" ，頭髮、耳、鼻、眼等突出部位為 "1" 。

細長手形的人與短粗手形的人比較有不同的性格；長瘦臉形的人與矮胖臉形的人有不同作風，這些在掌、面相書中有大量介紹，其特徵正是"1"和"o"的特徵。

下圖的人腦形和手形與第 9 章週期圖形的相似性。

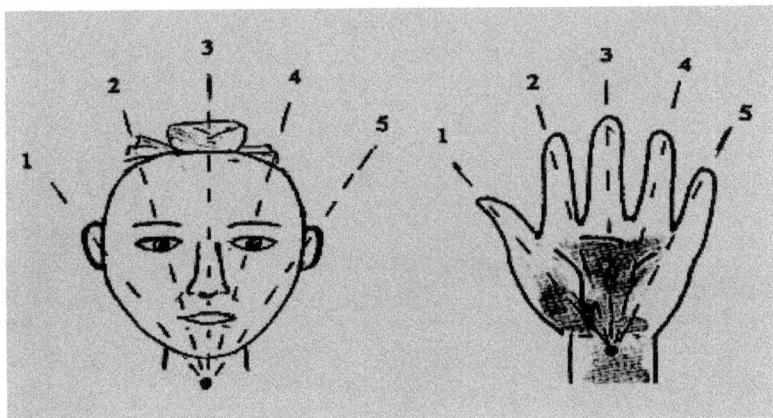

圖 22-7 頭和手

四. 股市

市面上的各類金融、股票、市場分析的書很多，但總的來說都離不開"."、"1"、"o" 分析。

從當今的金融市場分析看，其規律主要表現在兩種分析：一種是基本分析；另一種是技術分析。實際上，基本分析是"虛"分析，主要體現了市場的聚合和控制力量；技術分析是"實"分析，主要顯示了符號"."、"1"、"o" 分析的表像。如

"．"分析："基本分析"講的是國家或公司的主要內部運作分析；"技術分析"則分析起點、中點和終點。

"1"分析："基本分析"在於國家或公司的成長分析；"技術分析"則分析上升綫和下降綫。

"o"分析："基本分析"在於國家或公司的政治和經濟環境分析；"技術分析"則分析波和週期。

從技術分析圖表走勢上，幾乎都可以用 "．"、"1"、"o" 演化的數學代數和幾何規律進行解釋，如趨勢綫法、平均綫法、擺動指數法、幾何角度法、以及艾略特波浪法等……。而基本分析，幾乎都可以用統計學進行分析和解釋。

下圖給出了技術分析的 "．"、"1"、"o" 走勢圖，指數或股票價格是在一個半圓中運動；而基本分析是在於中心點的聚合和控制力量。

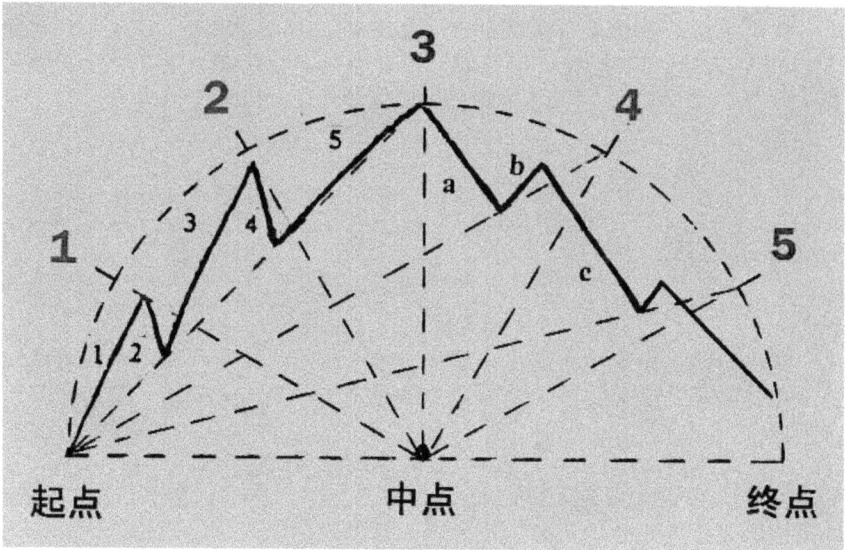

圖 22-8　　　市場指數在一個半圓中運動，就象手指的峰

五．真、善、美

社會上人人提倡"真善美"，實際上這三個字也是 "．"、"1"、"o" 的三個表像。

"真"是真理，科學家都追求真理，是一條"1"。
"善"是仁愛，宗教都強調慈善，是一個"o"。
"美"是神，只有達到神韻才是美，這是一個"．"。

但"真善美"不是宇宙大法，也不是動植物和天體的準則，因為它們不懂"真善美"，如地球只懂"o"，只懂繞太陽轉；更不能表示數理化科學。"真善美"包括"厚黑學（仁厚和黑心）"是做人的準則，只有人才懂得善與惡、厚與黑。因此，只有 "．"、"1"、"o" 這個只能意會、不能言傳的符號，才是既表示智慧科學、數理科學，也表示人文科學，以及宇宙萬物的唯一法則。

作為總結，我們這部書講的是宇宙法則，實際就是天（"．"）、地（"o"）、人（"1"）是一個整體，所有學科都是共通，講的是一個內在的 "．"、"o"、"1" 本質關係，這種關係就是大統一的本質。

前人的評論：

有物混成，先天地生。寂兮寥兮，獨立而不改，周行而不殆，可以為天地母。吾不知其名，強字之曰道，強為之名曰大。大曰逝，逝曰遠，遠曰反。

故道大，天大，地大，人亦大。域中有四大，而人居其一焉。人法地，地法天，天法道，道法自然。

〖 道德經 〗25 章　　　　　－　老子　－

附篇

Attachment

有詩為證:

天地造化轉乾坤，日月星球銀中旋。
扶正除邪萬民樂，積福行善上上簽。
健身氣功人人會，棋琴書畫萬古傳。

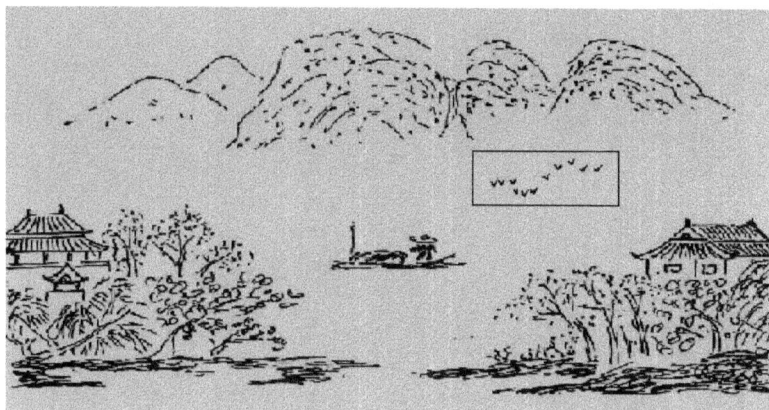

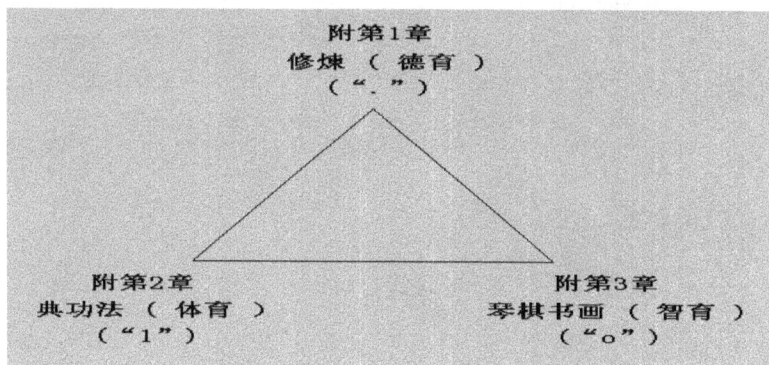

附第1章
修煉 （ 德育 ）
（ "." ）

附第2章
典功法 （ 体育 ）
（ "1" ）

附第3章
琴棋书画 （ 智育 ）
（ "○" ）

附第1章
Attachment One

修煉（德育）
The Moral Education

問題和討論

1. 為什麼智體和身體相互結合的訓練才是最好的訓練？

2. 氣功典操的三大要素是什麼？

3. 什麼是實修煉和虛修煉？其意義是什麼？

4. 實修煉的呼吸、動作和意念幻想代表著什麼？

5. 虛修煉的身心健康、智慧創造和品德修養代表著什麼？

一. 引言

宇宙法則是".""、"1"、"o"，遵循和理解這一法則，人類的智慧能級就能提高，否則就會下降。人的日常生活和社會活動也都離不開".""、"1"、"o"，如何提高是我們的關鍵。

二. 修煉理論

由於人體是宇宙的縮影，所以本身分實體和虛體兩部分。實體是指人的身體，日常的起居、活動、病痛都與實體有關；虛體是指人的智體，日常的思考、學習、研究和創造是來自大腦深處的智體。

目前的小學、中學、大學是有系統的訓練和修煉智體，而一些體育運動項目是有系統的訓練和修煉身體，兩者合而為一的訓練才是最好的訓練。

為了加深對宇宙法則的理解和實體訓練，我們設計了一套功法健身操，即".""、"1"、"o"功操，或叫"點綫圓"功操，簡稱"典功操"，取經典之意，也與"點"同音。

"典功操"分實和虛兩部分，實為"身體"修煉；虛為"智體"修煉。實修煉又分三部分，一為呼吸（".""），二為動作（"1"），三為意念幻想（"o"）；虛修煉也分三部分，一為身心健康（".""），二為智慧探索（"1"），三為品德修養（"o"）。身心健康對應于生命智慧科學（".""）；智慧探索對應於自然科學（"1"）；品德修養對應於社會科學（"o"）。通過每天的不斷實、虛交叉修煉，就能達到增強體力、增加智力、提高免疫力功能、健康長壽的目的。

三. 實修煉

實修煉是人與宇宙交換能量的過程。一個人站在荒蕪人煙的曠野上，心靜如水，有三個要素供你支配：一是呼吸，二是動作，三是意念幻想。

附圖 1-1　　　呼吸、動作和意念幻想是典功操的三大要素，也是 ".".、 "1"、 "o"

呼吸是 "." 的行為。 "." 是一個人的身體，也是實體。前面講了，實體可大可小，大可成為太陽、星系；小可成為原子、原子核。太陽、原子核也有呼吸，如太陽的呼吸叫脈動；地球的呼吸叫潮汐；原子的呼吸叫波動。

當一個人的內部能量與外部能量進行交換時，就是呼吸。呼出熱氣，吸進冷氣；呼出廢氣，吸進新鮮空氣，這種能量交換，就是 "." 的交換。當空氣在人的身體內外進進出出，有深有淺時，身體會時粗時細，這正是前面講的 "." 週期。

動作是 "1" 的行為。當一個人的軀體或手臂向外、向空間伸展時，他所占的空間加大，這就是伸展的空間，擴展了能量。如同一個公雞在發怒時，將羽毛撐大，以增加它的威力。許多動物都有這一特性，如獅子和孔雀。這就是空間交換，空間伸縮，也就是 "1"。

290

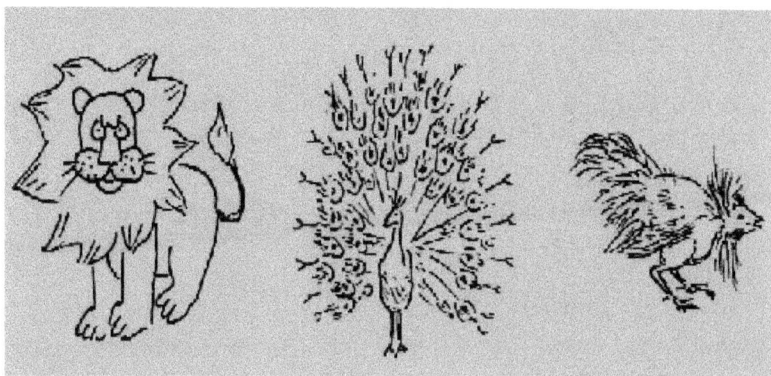

附圖 1-2　　　獅、孔雀和雞

意念幻想是"o"的行為。當一個人的思想與宇宙生命智慧交換能量時，就產生意念幻想，也是能級圓的交換。

一般地說，領會自然法則的程度、思想哲理的廣度是決定能級的關鍵。許多詩人、作曲家歌頌大自然美的壯麗詩篇和樂章，體現了詩人和作曲家對大自然的理解，科學家對宇宙的理論解釋都可升為意念幻想。理解越深，能級越高。思想和意念幻想如同時間的輪廓和能級，其形態就象樹輪上的輪級。

對氣功來說，如果一個人的意念只在飛禽走獸，他的動作不過是五禽戲，意念能級不過是地球一般生物。如果一個人的意念超出地球進入宇宙，他的意念能級可能將大大提高。但如果人們的意念只在某一有名神、某一宗教派系、某一教主或某氣功師傅，他仍然沒有領會宇宙法則。

氣功的主要功能是在於意念（"o"）、動作（"1"）和呼吸（"."）的配合，只有相互配合才能幫助你理解和提高。一個不帶意念、沒有意念的氣功就等於缺少一個"o"，不叫真正氣功，只是活動一下腿腳。一個沒有思想的人，也不可能提高意念能級。帶意念不等於是走火入魔，練到走火入魔是因為他另有其他特殊目的或根本不懂宇宙法則。

四. 虛修煉

我們講的虛修煉是從身心健康、智慧探索和品德修養進行修煉，也是按宇宙法則".．"、"1"、"o"原理進行，提高能級。如果結合我們前面講的三大科學（生命智慧科學、自然科學和社會科學），使它們交叉呼應，你就如同長上了翅膀，在天空翱翔。當今許多傑出的自然科學家和社會科學家都在其中某一領域努力著。

修"身心"對應于生命智慧科學，是修".．"。因為只有健康的身心，樂觀的人生態度，才有強壯的身體，增加智慧，延年益壽和提高能級。

修"身心"的初級是消除一切頭腦精神問題，如酗酒、吸毒都叫有病，那只不過是麻痹頭腦。因為精神有問題的人，很難集中精力學習和提高。身體有病的人，但精神上意志堅強也能大有作為，如蘇聯著名小說"鋼鐵是怎樣煉成的"的作者 ----- 奧斯特洛夫斯基，以殘廢身軀寫下不朽的作品。另外還有英國天體物理學家史蒂芬•霍金（Stephen Hawking）在身體狀態極壞的情況下仍然堅持研究黑洞理論。而身體健康、精神有問題的人，貪圖享樂、犯罪，最後能級低的比比皆是，如目前監獄裏關的幾乎都是身體健康的人。

修"智慧"對應於自然科學，是修"1"。主要指增長知識、創造和發明。目前的科學研究就是一種探索修煉，是修煉智慧，所以才有如此多的品德、智慧兼優的科學家。

附圖 1-3　　諾貝爾 Alfred Nobel(1833-1896)和他的獎金發獎大會

修"品德"對應於社會科學，是修"o"。培養仁、義、道、德理念，宗教的慈善和博愛都有助提高能級。特別是國家統治者要以"仁慈和博愛"治國；鼓勵國民"精神文明和探索精神"；法律面前人人平等，即君民同罪，國家才能繁榮富強。

五. 總結

作為以上的總結，中國氣功典操的三大要素 ------ 呼吸、動作和意念幻想實際就是宇宙法則"."、"1"、"o"的具體表現。

人生的身心健康、智慧探索和品德修養也是宇宙法則 "."、"1"、"o"的綜合體現。

前人的評論:

好樹只會結好果子，而不會結壞果；壞樹只會結壞果子，而不會結好果。 不結好果實的樹，都要砍下來，丟在火裏。看果實就可以分出樹的好壞了 。

〖馬太福音〗7：17 - 20   -耶蘇 -

附第 2 章

Attachment Two

典功操法 (體育)

The "Diangong" "Diancao" Education

問題和討論

1. 什麼是典功操法?

2. 典功操法具有幾個級別? 其名稱是怎樣的?

3. 為什麼典功操法即是宇宙能級的縮影, 也是週期演化過程?

4. 典功操法包括哪些實動作和虛動作?

5. 為什麼典功操法強調自身的體驗和探索? 為什麼要以天地為師, 形式不固定, 動作可自我發展和創造?

一. 引言

本章將按宇宙法則".""、"1"、"o"的原理引出"典功操"，具體練習"典功操"不分時間、地點、場合，從零開始，循序漸進，不斷提高，達到功到自成的目的。

這裏用最短的時間，最佳的功操法，配合易懂的語言和動作、圖形解釋，全面提高讀者的體質和心智，以及生命智慧體能級。

當能級提高後，心智和身體健康也會隨之提高，最終達到提高免疫力、身體健康和長壽的目的。

二. 功操法

五套功操法共分五個級別，它們是自身級（"."）、地球級（"⊙"）、太陽級（"◎"）、星系級（" 卍 "）、宇宙中心級（"+"）。

這些級別和標誌物，代表著"."經過"o"向"1"進行過渡，它們既是一個宇宙能級縮影，也是週期演化過程。理解它們、遵循它們、體會它們的神性，對提高自身大有脾益。

第一級　自身級

1. 功操法圖

點 "．" 代表自身。

附圖 2-1　　　　　　　自身氣場

2. 功操理

自身級的要點來自對大自然的基本認識，我們自身從病痛到復原；太陽的耀斑和噴發；地球的地震和火山爆發都是在釋放體內久積不能調和的能量，從而使本體達到穩定狀態。

3. 目的

自身修煉在於提高能級，增加能量，控制病魔，延年益壽。

4. 虛動作法則

以自身為中心 "．"，自身內部氣血循環為 "o"，身體的能量向外伸展的空間為 "1"。

5. 實動作法則

呼吸為 ".":自然呼吸，如鼻呼、口呼或腹呼。

動作為 "1"：兩腳自然站立，與肩同寬，全身放鬆，兩眼微閉，面帶笑容，入定起勢。

雙手輕輕抬起，輕摩臉、頭、面、頸、眼、耳、鼻等部位、手法是在這些部位畫 "o" 和畫 "1"，然後再將兩手放在胸、腹上畫 "o" 和放在臂上畫 "1"。重複動作 8 次或自行決定停止。

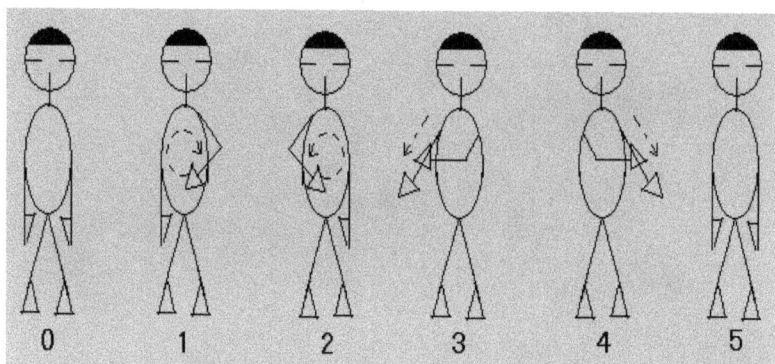

附圖 2-2　　　自身級

以上動作也可用於坐、臥、躺，通常沒有行，因為功操法圖是 "."。

意念幻想為 "o"：以雙手按摩處為意念幻想點，或以腹部、身體病患處為意念幻想點，然後用意念幻想將病氣從兩臂和兩腿向外射出，再用意念幻想從兩手和兩腳向內吸能，在身體內部循環，再回到腹部。腹部通常是病源之地，不要停在身體某一具體穴位上。

自身級不拘泥於形式，隨做隨想，只要堅持不懈，對身體健康大有益處。如果是重病之人，一定要配合醫生和藥物治療，不可盜聽途說，聽信邪道、巫師和江湖術士，方能消病延年。

第二級 地球級

1. 功操法圖

圓點 "⊙" 代表地球。

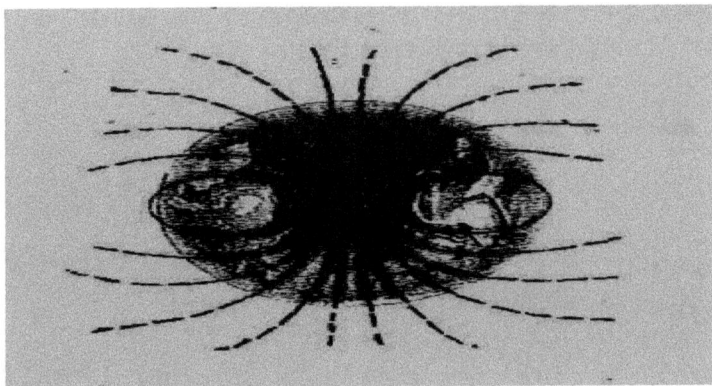

附圖 2-3　　　地球磁場

2. 功操理

有病痊癒之人或無病健康之人就進入了地球級。

　　地球級的要點來自對地球的基本認識，地球每天都在自轉和公轉。前面已談到，地球自轉是地球生命智慧能的反映，不是書本科學家說的死陀螺，讓人抽一下才轉。自轉也是抵抗太陽引力的自我保護，就象人的自衛本能一樣。天體沒有自轉就等於死亡，象漂浮在空中的石頭，很容易被其他星球吃掉。自轉越快的天體，內能越高，通常較年輕。

3. 目的

提高能級，增加能量，感受和體會地球磁場給予的保護。

298

4. 虛動作法則

無病健康之人就意味著自身處於正常的穩定狀態，每天悠閒地坐地球繞天空一周，就如同免費坐上了巡天船。

以地球中心為 "."，自身坐地球繞圈為 "o"，自身與地球中心距離為 "1"。

5. 實動作法則

呼吸為 "."：自然呼吸，如鼻呼、口呼或腹呼，儘量尋找空氣清新、僻靜之處。

動作為 "1"：兩腳自然站立，與肩同寬，全身放鬆，兩眼微閉，面帶笑容，入定起勢。

1）磁場橫向

雙手臂同時慢慢張開，與身成 90 度。兩手翻向前，同時向前肚灌氣，然後兩手翻向後再向後腰灌氣，反復 8 次或自行決定停止。

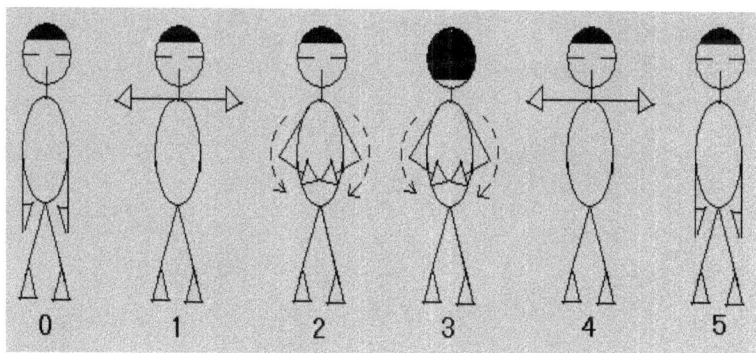

附圖 2-4　　　磁場橫向

2) 磁場縱向

雙手臂同時慢慢張開，與身成 90 度。兩手翻向上，同時向頭頂灌氣，向下向大腿灌氣，反復 8 次或自行決定停止。

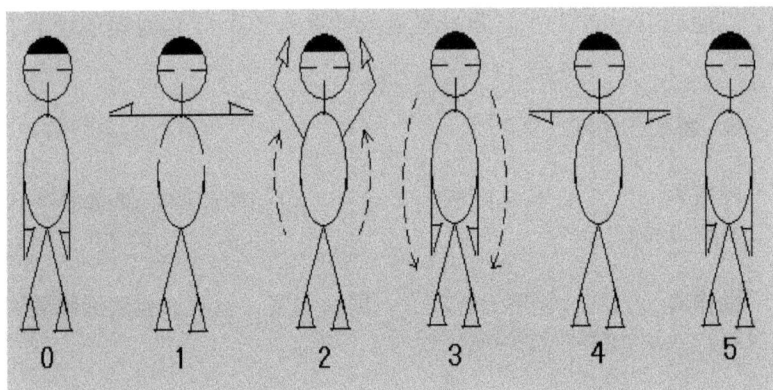

附圖 2-5   磁場縱向

以上動作也可用於坐、臥、躺、行。如果是行，可按功操法圖走圓點。

意念幻想為 "o"：不想身體部位，以自身是地球，兩臂是地球磁場之動力綫。想像地球用磁場環繞自身，加以橫向、縱向貫穿，保護地球上的生靈。

第三級　太陽級

1. 功操法圖

雙圓 " ◎ " 代表太陽。

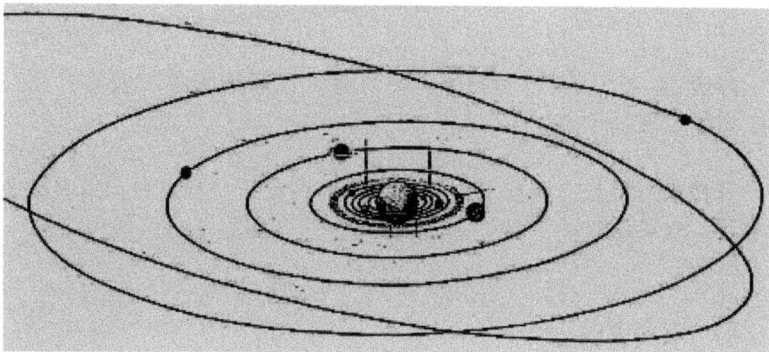

附圖 2-6　　　太陽引力場

2. 功操理

領會了地球級就可進入太陽級。

　　太陽級的要點來自對太陽的基本認識，太陽每時每刻都在發光，將大量的能量灑向太陽系，為的是普惠太陽系的眾生。太陽系中的任何生命都是靠吸收這些能量維持運轉，沒有太陽光，太陽系就是死寂一片。太陽也有自轉，用以抵抗銀河系中心的引力。恒星自轉也是生命智慧和體能的反映，自轉越快的恒星越年輕，體能也越高。

3. 目的

吸收太陽給予的熱能和生命智慧，提高能級。

4. 虛動作法則

我們每年坐著地球這個太空船繞太陽公轉，轉一圈要 365 天，歷經春、夏、秋、冬四季。與此同時，身體內部隨冷、暖交替變換，如冬季寒冷，吸收能量多些；夏季炎熱，放出能量多些。

以太陽為 ".", 自身繞太陽轉為 "o", 自身與太陽距離為 "1"。

5. 實動作法則

呼吸為 "."：自然呼吸，如鼻呼、口呼或腹呼，儘量尋找空氣清新、僻靜之處。

動作為 "1"：兩腳自然站立，與肩同寬，全身放鬆，兩眼微閉，面帶笑容，入定起勢。

1) 行星運動

兩手握拳叉腰，左臂輕輕抬起，左拳繞頭部畫大圈，一定是橢圓。然後左手回到叉腰姿勢，右手進行同樣動作。左右手交叉進行，比喻行星或慧星繞太陽公轉，反復 8 次或自行決定停止。

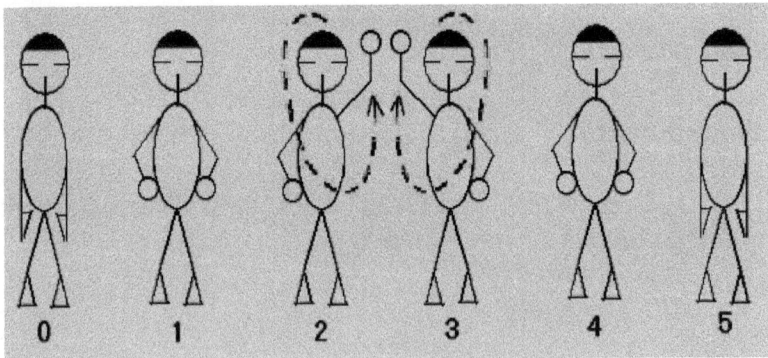

附圖 2-7　　　行星運動

2) 太陽運動

兩腳站定,兩手叉腰,頭以頸柱為軸繞圈,左繞或右繞,比喻太陽自身也在運動,反復 8 次或自行決定停止。

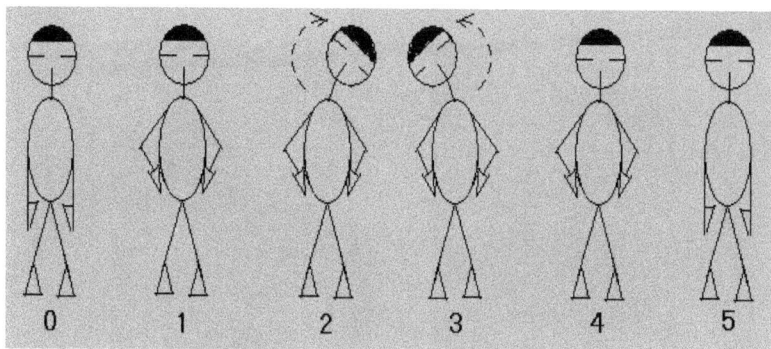

附圖 2-8   太陽運動

以上動作也可用於坐、臥、躺、行,如果是行,可按功操法圖走雙圓。

意念幻想為 "o":自身是太陽系,頭是太陽,兩手、兩腳就象九大行星或慧星繞太陽作橢圓運動,想像吸收太陽生命智慧和能量,提高能級。

第四級　　星系級

1. 功操法圖

旋轉圖 " 卍 " 代表旋轉的星系。

附圖 2-9　　　　　　**星系旋渦場**

2. 功操理

領會了太陽級就可進入星系級。

　　星系級的要點來自對星系的基本認識，如銀河系，它有長長的旋臂，象颱風中心。它早期向外噴射能量，而晚期向內回收能量，經歷從爆炸、旋渦、圓盤到收縮的過程。星系中心也有自轉，轉速越快越年輕，只是很難看到其真實面目。整個星系系統又在圍繞一個更大的超星系系統公轉，而這個超星系團正是宇宙中心的旋臂，圍宇宙中心轉。

3. 目的

吸收星系中心能量，體會能級的提高。

4. 虛動作法則

太陽繞銀河系中心轉，地球是太陽的護衛艦，我們乘坐地球這個護衛艦，在太陽的率領下繞銀河系中心轉。

以銀河系中心為 "." ；自身繞銀河系中心為 "o" ；自身與銀河系中心距離為 "1" 。

5. 實動作法則

呼吸為 "." ：自然呼吸，如鼻呼、口呼或腹呼，儘量尋找空氣清新、僻靜之處。

動作為 "1" ：兩腳自然站立，與肩同寬，全身放鬆，兩眼微閉，面帶笑容，入定起勢。

1) 橫向星系

雙手臂輕輕抬起，與肩平行，兩手翻向前，左手臂橫向左轉，右手臂緊跟其後，身隨手臂轉到盡。然後右手臂橫向右轉，左手臂緊跟其後，身隨手臂轉到盡，反復 8 次或自行決定停止。

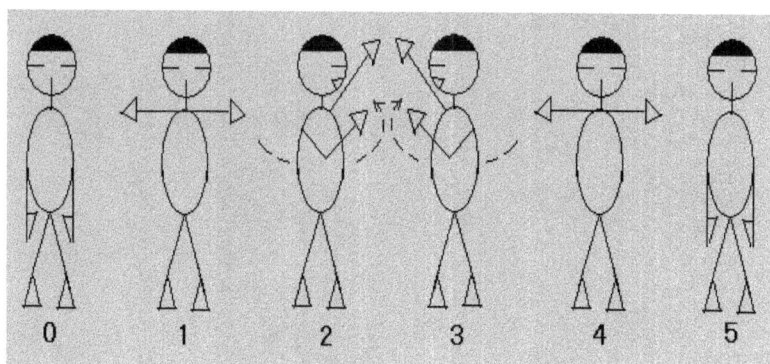

附圖 2-10　　橫向星系

2) 縱向星系

雙手臂輕輕抬起，與肩平行，左手上翻，右手下翻，左手臂向上過頂，右手臂向下到大腿，腰身隨左手臂轉到盡。然後，右手臂向上過頂，左手臂向下到大腿，腰身隨右手臂轉到盡，反復 8 次或自行決定停止。

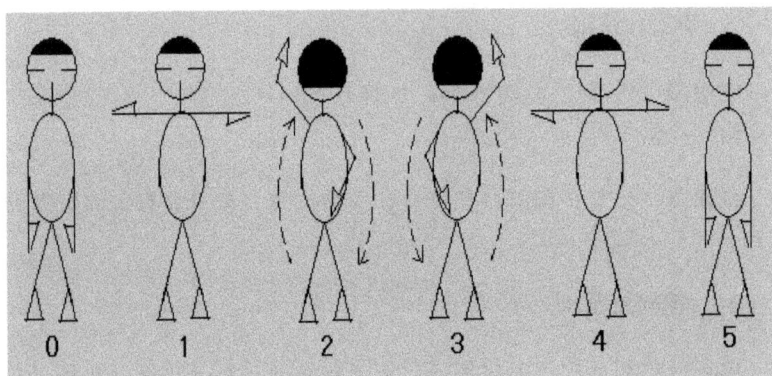

附圖 2-11   縱向星系

以上動作也可用於坐、臥、躺、行。如果是行，可按功操法圖走旋轉線。

意念幻想為 "o"：自身是銀河系，頭是銀河系中心，兩臂、兩腿是銀河系的旋臂，將手臂的上下、前後、左右擺動，體會星系中心控制旋臂的威力。

第五級　　宇宙中心級

1. 功操法圖

十字"十"代表宇宙中心大爆炸。

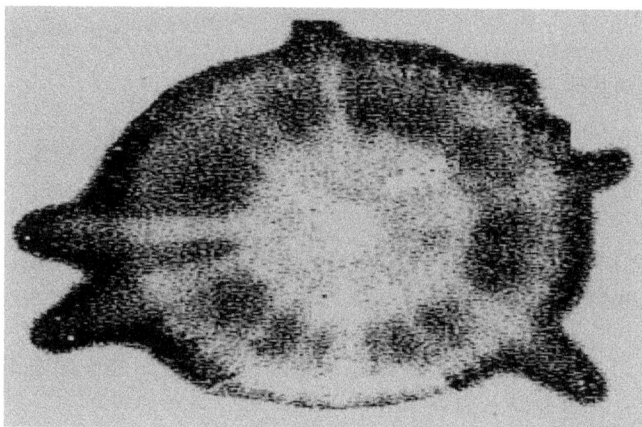

附圖 2-12　　　　宇宙中心爆炸場

2. 功操理

領會了星系級就可進入宇宙中心級。

　　宇宙中心級的要點來自對宇宙大爆炸的認識，宇宙中心的爆炸是為了擴展空間、將生命動量灑向整個宇宙。它早期向外擴張噴射了大量能量，晚期向內收縮回收能量，經歷從爆炸、旋渦、圓盤到收縮的過程。整個循環過程，在於放出舊能量，吸取全宇宙的精華 ------ 新能量，提高自身能級。每一個大的週期循環，我們宇宙中心的生命智慧能級就升高一層。

3. 目的

體會宇宙最高法則，吸收宇宙中心能量，提高能級。

4. 虛動作法則

想像銀河系中心是聯合艦隊的母艦，太陽是聯合艦隊的分艦，地球是分艦的護衛艦，我們乘坐這個護衛艦繞宇宙中心轉。

以宇宙中心為".";自身繞宇宙中心為"o";自身與宇宙中心距離為"1"。

5. 實動作法則

呼吸為 "." ：深呼吸， 如鼻呼、口呼或腹呼，儘量尋找空氣清新、僻靜之處。

動作為 "1" ：兩腳自然站立，與肩同寬，全身放鬆，兩眼微閉， 面帶笑容，入定起勢。

上身慢慢蹲下，兩手抱小腿，蹲定片刻，身體緩慢站起，兩手從身體中心沖頭向上，伸展到盡，腳略抬，可大喊，然後分手畫圓向下，與身體成十字，身隨手臂上下、左右擺動數次，回復原站立姿態，反復 8 次或自行決定停止。

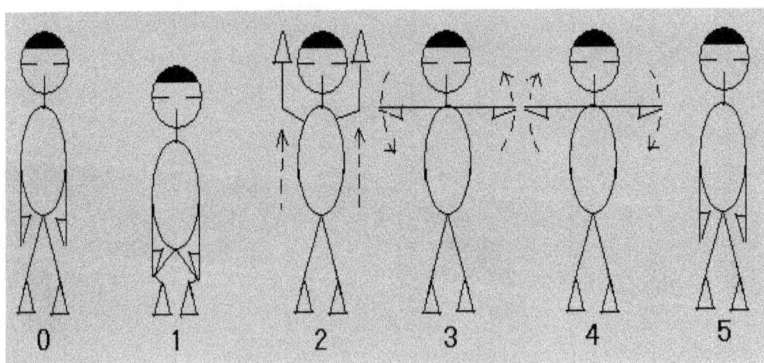

附圖 2-13   宇宙中心級

308

以上動作也可用於坐、臥、躺、行，如果是行，可按功操法圖走十字。

意念幻想為 "o"：自身是宇宙整個體系，頭為宇宙中心，兩臂、兩腿向外伸展到盡，如同大爆炸向外擴展的空間和釋放能量。手腳盡頭外是外空間，其他人是外宇宙，許多外宇宙又組成廣宇宙，相當於民眾組成國家，由法律控制。

進一步，心想宇宙中心是如何提高自身，它大爆炸擴展了空間，將它的生命智慧和能量給了全宇宙，然後再吸回全宇宙的真氣和能量，進行大宇宙的呼吸和吐故納新的。

三．<u>總結</u>

作為總結，氣功典操本是身心的結合，心靈的靜化，是人類智慧的一塊瑰寶。我們強調以天地為師，加上自身的體驗和探索。你也可通過自身的感覺增加和減少動作和意念幻想，或完全改變本功操法而進行再創造，只要你的再創造符合宇宙法則並能深刻理解它就是完美的。

氣功講究心靈的靜修、自修，不完全是醫學和良藥可治百病，主要強調從精神上治病。氣功師不可聚眾斂財，操練軍隊；不可將一些邪咒或邪物加入學員的心靈或身體中加以控制；更不可利用民眾的迷信、崇拜心理加以操縱並反社會。

我們反對將氣功師捧為教主神化而成為新的崇拜；更反對將氣功變成宗教聚眾參與政治。因為這不是修煉、提高能級，而是溶入世俗，引起宗教、政治爭鬥或信眾傷亡。原因非常簡單，真正的政治家是為國家、人民或人類著想，而宗教教主多是神化自己，他們會編出故事說自己是幾百年前就預測出來的真龍降世、活佛轉生、大聖人、大神人。

歷史的教訓向世人拉起警鐘，任何邪道、皇權、教主、主義崇拜都只會增加人們的愚昧和災難，註定禍國殃民和失敗。我們是向世人展示自然法則，探索宇宙真諦，增加智慧，消除愚昧，這才是全宇宙智慧人類的最終目標。

另外，當代許多體育運動項目也充分反映了宇宙法則。如足球運動，這是目前最流行的運動項目，它的總體形態，就象一個運動的著".．"、"1"、"o"宇宙法則。

守門員是守".．"；衛線是守"o"；鋒線是突破對方的"1"。前鋒突破對方的"o"防線，就象科學家突破舊體制。

因此，當讀者看完前面的理論篇，再結合本章的動作篇，就能從心、身理解什麼是宇宙最高法則".．"、"1"、"o"原理。不論你是信什麼教派、學什麼專業、研究什麼學科、練什麼功操法，你都會站在其肩上，懷著一顆自然心，冷眼分析它們，看它們的本質，不看它們的表面。這部書的目的就是幫你更上一層樓，同時也使你清楚地看到它們的未來和前景并達到最終目標。

前人的評論：

諸惡莫作，眾善奉行。

萬物皆承無常，精進自求正覺。

－ 釋迦牟尼 －

附第3章
Attachment Three

棋琴書畫（智育）
The Music、Chess、Book、Art

問題和討論

1. 什麼是音樂的靈魂？

2. 什麼是天地圍棋？

3. 為什麼說本書的特點是虛實結合，大宇宙法則套小宇宙法則？

4. 為什麼說一幅畫有三個層次，分別反映了三個主題？

5. 為什麼說棋琴書畫表現了宇宙法則的 "真(1)善(o)美(.)" ？

一. 引言

人類在文化上的修煉叫智育。古人重文輕工，強調："一應琴棋書畫、歌舞管弦之類，無所不通"《二刻拍案驚奇卷一二》；今人重理輕文，講："學好數理化，走遍全天下"；在理科中，學者又重物理，輕數學、化學者眾。

近年來，由於理科進入瓶頸，實驗設備越做越貴，理論越講越"弦"，物理面臨重重阻力，學生已無方向，改學更實用的經營、管理、會計等專業增多，主要為找工作。也有眾多理學家開始轉向科幻、文學、小說、甚至電影劇本。可見文風本無固定，只是隨時代變遷而變遷。

人類從原始社會早期重視的神學，到封建社會強調的文學、哲學，再到當今民主社會的探索科學，這是一個"."、"o"、"1"發展過程。而現在，本書再進一步推到貫穿神、哲、文、理百科的大統一時代。

本章將從人文文化 ------ 琴("."）、棋("1"）、書畫("o"），總體探討人類智慧的內涵，進而瞭解宇宙法則的真諦。

二. 音乐

音樂主要代表一種心靈的感覺，是"."過程，它是人類表示內在情緒的最原始表達。

音樂的歷史可能比文字的歷史都來的早，有些土著沒有文字，但他們也會吹、拉、敲、唱，也有音樂和舞蹈。

乐器	激励器（"."）	共鸣器（"o"）	辐射器（"1"）
人声	声带	声道	口
弦乐器	弦	琴箱	面板
管乐器	簧	管子	管口

附表 3-1　　　樂器的　"."、"1"、"o"　發聲結構

　　近代音樂理論的形成可能是從古希臘時代開始的，而東方樂器則形成另外一種體系。音樂主要有三個組成部分：音、音調和體裁。

　　1)　　音為音樂的本體"."，用音的大小、強度和頻率的變化等表示，組成音樂的主體，同時也形成現代音樂的音程（F～C 含 5 個音級）和音階（7 個音階循環反復構成音列），古時有 5 音階，也許 8 音階更好。

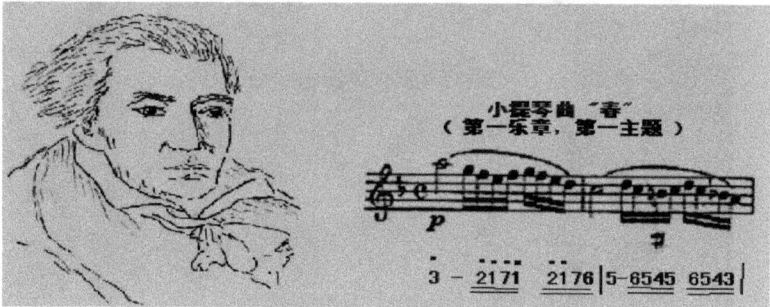

附圖 3-1　　　德國作曲家貝多芬（L. V. Beethoven　1770 － 1827）

　　2)　　音調為音樂的載體"1"，用曲調的走向形成直線和曲線的伸展和起伏，與節奏上的快慢、長短和停頓相配合。

313

附圖 3-2　　西元前 5 世紀的古希臘音樂家

3)　體裁為音樂的社會和自然背景"o"，表示音樂歌頌的環境、心情和情感等。

附圖 3-3　　敦煌莫高窟唐代舞蹈壁畫

五線譜的結構本身就是一個"."、"1"、"o"結構，它譜出的優美旋律給人帶來心靈上的共鳴，其中許多大音樂作曲家，如巴哈、莫札特、貝多芬、舒伯特、蕭邦、柴可夫斯基 …… 等，為"."、"1"、"o"音樂理論和實踐作出了重要貢獻。

其中特別是貝多芬，他發展出了一種叫"主題音樂"的音樂，就是將主題慢慢地螺旋展開，一點一點從中心向外推進，象水滴擴大，又像是"."展開成"1"和"o"，所以他自然成為音樂大師。

在澳大利亞的悉尼中國城，我曾聽過一組來自南美的四人小樂隊的街頭演唱，其中有一首曲好象是歌頌竹子的生長，我記不清名字了，只是當時感覺此旋律正好與我苦苦思索的宇宙法則相合，引起我心靈的共鳴，覺得特別美妙。他們用音樂的輕、重、緩、急；長、短、快、慢的手法，表現竹子的從裏向外、從下向上、層層迭迭的生長，真是太絕了！音樂所表現的大自然宇宙法則真是令人讚歎！

三. 棋

棋類代表著一種空間的變換，是"1"過程。在中國古代有許多棋戲，如六博、塞戲、格五、彈棋、雙陸、樗蒲、五木 …… 等，但只有象棋和圍棋目前比較流行。國際上流行的是國際象棋。

附圖 3-4　　中國山西洪洞廣勝寺元代壁畫

這裏要特別講一講圍棋，因為它是最反映宇宙法則的棋種之一，其深刻的內涵全面地反映了東方虛文化。

圍棋是中國的國粹，有兩到三千年的歷史，先秦史官編 《世本》上說："堯造圍棋"。堯為中國古代部落首領，傳說他為教育兒子丹叔的組織和作戰能力發明了圍棋。但從圍棋所表達的哲理和宇宙觀，似乎來自更遠的古代，它同易經一樣閃耀著中華民族古老的智慧，也可能是人類智慧的源頭 ----- 宇宙法則。後來，圍棋在春秋、戰國時代變得很興盛，到漢唐時代傳入日本、朝鮮、印度，近年來又傳到歐洲。

圍棋目前結構為方形，棋盤橫豎共畫 19 條線 (最早是 13 條線)，形成 361 個交叉點，代表地球繞太陽的三百六十多天的週期循環。

棋分黑、白兩色，代表陰陽、虛實相交。規則是兩人對局，各出一子，直到一方占地盤多為勝，不以殺子多少定輸贏。圍棋反映了東方人的基本哲理，"不戰而屈人之兵"，不以殺人多少定勝負，而以攻心（"."）、占地控制（"o"）、文化浸透（"1"）為贏者。

圍棋的基本戰法有三要素，分序盤、中盤和官子三個階段，這又是宇宙法則。

序盤為 "1"：代表佈局，搶佔伸頭點。
中盤為 "o"：代表圍地、爭鬥和擴張。
官子為 "."：代表整體平衡、計算空目。

由於目前的定式和流派太多，高水準的選手相差太小，有時就只有半目定輸贏。為了圍棋的發展，挖掘東方人的古老智慧，本章試圖擴張古圍棋規則，采中國古代"天圓地方"之說，創造一套"天地圍棋"，取名"典棋"。

典棋的基本下法仍然以現圍棋規則為主，只是將其擴展，我們把現圍棋方形棋盤稱"地下作戰"，當雙方棋手相差無幾，比如在五目之內，可認為是"地下作戰"平手，將棋面擴大成圓，稱為"天上作戰"，就象足球的加時賽。具體圖形如下：

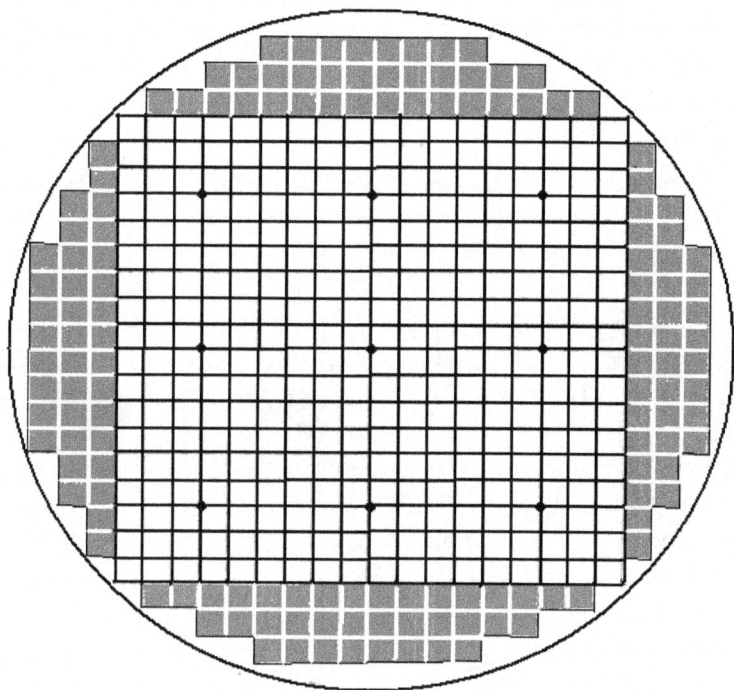

附圖 3-5　　天地圍棋盤（典棋）

「地棋盤」采白底黑格，為實；「天棋盤」采黑底白格，為虛。先下「地棋盤」，勝者為勝，5目內的和局者可加空間成「天棋盤」。當加空間後，雙方可在原方形盤所圍地之外，再繼續擴大地盤，總計「天」加「地」面積大者勝。

這樣的改變將增加圍棋的激烈程度和全局考慮，棋手不得不下「實」就「虛」，也是宇宙法則的完美體現。

四. 書畫

書畫代表描述一種時代或時間的情景，是"o"過程。

1. 書

任何書都有起首、內容和結尾三部分，語文老師都這樣教，似乎不按這樣寫就是錯。

我上小學時，寫作文總是寫不好，原因是無起首，無故事發展，也無結尾。老師總判我錯，我不服氣，就問老師為什麼一定要這樣寫？老師回答不出，就說前人都這樣寫，你不這樣寫就是錯。

後來，我發現當時的書前都有一段毛主席語錄，其他同學的文章開頭都有一句"祖國江山一片紅"，結尾有一句"大海航行靠舵手 ……"，得分很高。我明白了，就在作文開頭加了一句起首"領導我寫文章的是中國共產黨，指導我的思想的是馬列主義"，而中間內容則是會朋友，遊山玩水之類，但老師再不敢批我錯。從此後，每篇文章都有這兩句，現在想來都想笑。

直到寫這部書，我才真正明白原來這是人類的心理與宇宙法則的一種共鳴，是一個公理。

任何一部書都離不開以下幾個特點，如：

從書的結構特點（"."）看：書的起首為"1"；內容發展為"o"；結尾為"."。

從書的創作特點（"1"）看：作家自己的特點為 "."；將自己的特點與先人的著作聯合起來是"1"；先人的大量著作為"o"。

從書的內容特點（"o"）看：書的關鍵內容為"."； 故事主綫為"1"；大團圓首尾相映為"o"。

以上特點有的書明顯，有的書不明顯。具體到宇宙法則這部書，除了以上的特點外，還有如下的特點，如：

318

1）全書從裏到外、從前到後全部按宇宙法則原理，層層套法則，環環套法則。

2）"宇宙法則"這個名字就是"."、"1"、"o"三個表像，"宇"字是指所有空間，為"1"；"宙"字是指所有時間，為"o"；法則為"."。

3）書面為藍色，代表自然天空為"虛"；書背為白色，代表人文社會為"實"。

4）全書分三大篇：導論、本論和結論分別代表"1"、"o"、"."三個表像；本論又分生命智慧科學、自然科學和社會科學三部分，也是"."、"1"、"o"。

5）在每一篇和部分中又分"."、"1"、"o"章，每章中又分"."、"1"、"o"節。

6）全書共 3 篇，3 部分和 1 附篇，其中篇和部分中含有 3、5、8 章，對應於菲波納奇數列。各章又含有 1、2、3、5、8、13 …… 節，同時按菲波納奇數列列圖、列表。

7）全書貫穿虛實性、矛盾性、運動性和週期性特點，用明法則表現暗法則，用暗法則展示明法則。

8）整部書的內容是講述宇宙是一個統一體，進一步形成大統一理論，但全書的結構和層次本身就是一個大統一體，就是用統一體講大統一。

2. 畫

美術起源於人類的社會活動，人類從勞動和社會活動中感到了藝術的美、生活的美，並將其用於勞動工具上。美術創作有許多種，如繪畫、雕塑、工藝美術、建築藝術等，其中繪畫又分油畫、版畫、水彩畫 …… 。

任何一幅畫的畫面都有"."、"1"、"o"三個層次，即有重心、伸展和烘托。

任何一幅畫作都反映了"."、"1"、"o" 三大主題，即

1）有鮮明的心靈中心，此為"."畫，如人物畫。

附圖 3-6　　　　達・芬奇　《莫娜麗薩》（ 1503 － 1506 ）

2)　有對歷史和未來的時間延伸，此為"1"畫，如歷史大事件畫。

附圖 3-7　　　　德拉克洛瓦(法)《自由神領導著人民》（ 1830 ）

3) 有反映平靜、自然和環境的景象，此為"o"畫，如風景、山水、市井、花鳥等畫 。

附圖 3-8　　　張擇端(北宋)《清明上河圖》

很好的表現"．"、"1"、"o"三者關係的作品，就是傑出的作品。通常講，畫作講究實與虛，東晉畫家顧愷說："以形寫神、遷想妙得"，講的就是這種畫外神內的道理。

人物畫能繪出人的靈魂來，就看到了"善"（**附圖 3-6**）；
歷史畫能繪出動態來就叫"真"（**附圖 3-7**）；
風景畫能繪出自然美來就表現了"美"（**附圖 3-8**）。

特別有趣的是，古人多用"．"派，重實用，如青銅器上的設計；前人多是"o"派，重發展和變化藝術，如各種繪畫、雕塑、攝影等；今人多用"1"派，重抽象，如讓千百個男女當街脫光合照裸體藝術。

對個人來說，青年時多是"．"派，重寫實；中年多是"o"派，重發揮；老年多是"1"派，重抽象，著名畫家畢卡索一生的成就就是一個典型的代表。當這個週期過後，將來的藝術家又回歸原始，古老的青銅器和石器藝術，猿人藝術，甚至藝術老師脫光衣服上課的人體藝術都可能再現。

五．小結

"棋琴書畫"是表達大自然的一種藝術，屬於人文藝術，體現於宇宙法則的表像"真善美"。野狼嗥、獅子吼之聲自然不是音樂；鬼怪、虎吃人當然不是美術。藝術就是外在的美，內心的善，表達形式的真。

前人的評論：

滾滾長江東逝水，浪花淘盡英雄。是非成敗轉頭空，青山依舊在，幾度夕陽紅。白髮漁樵江渚上，慣看秋月春風。一壺濁酒喜相逢，古今多少事，都付笑談中。

－ 羅貫中 《 三國演義 》 －

重要參考文獻：

中國大百科全書
Encyclopedia Americana
British Encyclopedia

322

www.ingramcontent.com/pod-product-compliance
Lightning Source LLC
Chambersburg PA
CBHW060325200326
41519CB00011BA/1839